彩图 1　黄金奇异果

彩图 2　华优

彩图 3　红阳

彩图 4　农大金猕

彩图 5　海沃德

彩图 6　秦美

彩图 7　米良 1 号

彩图 8　金魁

彩图 9　徐香

彩图 10　哑特

彩图 11　贵长

彩图 12　金香

彩图 13　翠香

彩图 14　农大猕香

彩图 15　瑞玉

彩图 16　金福

彩图 17　猕猴桃缺氮症状

彩图 18　猕猴桃缺磷症状

彩图 19　猕猴桃缺钾症状

彩图 20　猕猴桃缺钙症状

彩图 21　猕猴桃缺铁症状

彩图 22　猕猴桃缺氯症状

彩图 23　褐斑病发病初期

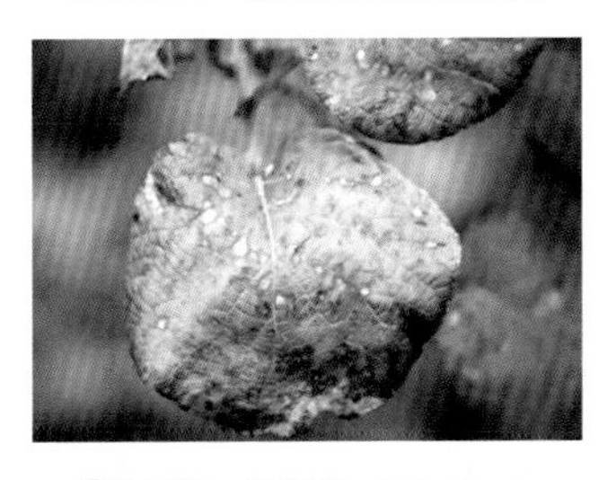

彩图 24　褐斑病发病后期

彩图 25　灰霉病发病初期

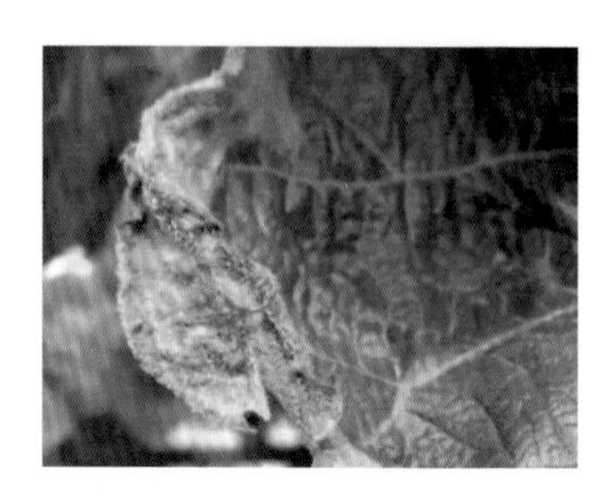

彩图 26　灰霉病发病后期

彩图 27　叶片受炭疽病危害症状

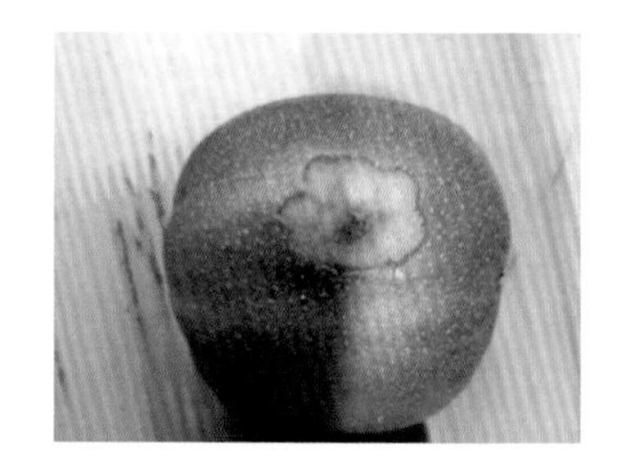

彩图 28　果实受炭疽病危害症状

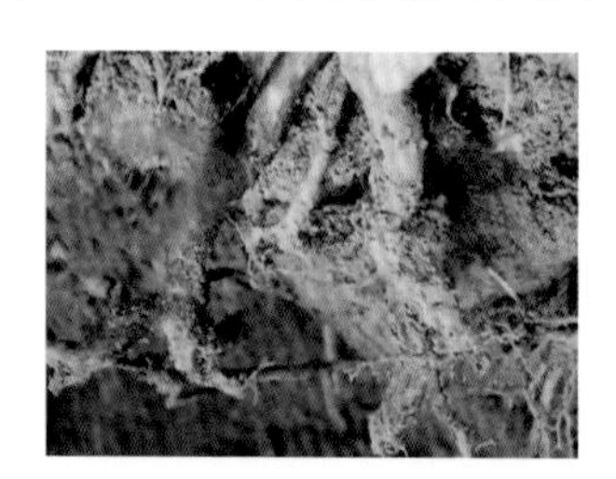

彩图 29　假蜜环菌根腐病病根

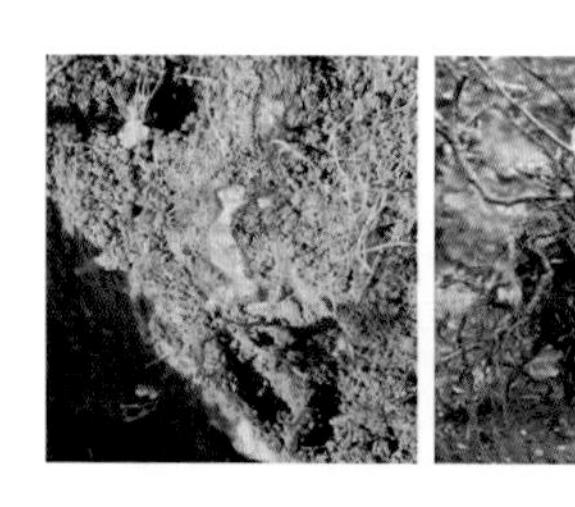

彩图 30　疫霉根腐病病根

彩图 31　白绢根腐病病根

彩图 32　软腐病病果初期症状

彩图 33　软腐病严重时病果症状

彩图 34　叶片受黑斑病危害症状

侵染前期

侵染中期

侵染后期

彩图 35　枝干受溃疡病危害症状

彩图 36　花腐病危害轻微时的症状

彩图 37　花腐病危害严重时的症状

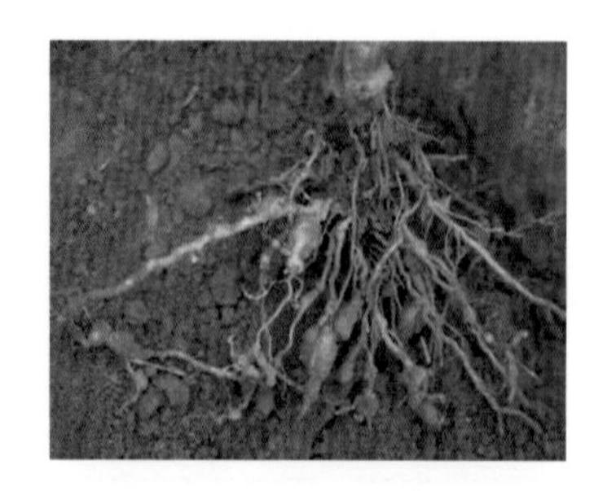

彩图 38　根结线虫病危害症状

彩图 39　枝干受白色膏药病危害症状

彩图 40　猕猴桃黄化病病叶

彩图 41　猕猴桃蛀果蛾危害果实症状

彩图 42　猕猴桃蛀果蛾幼虫

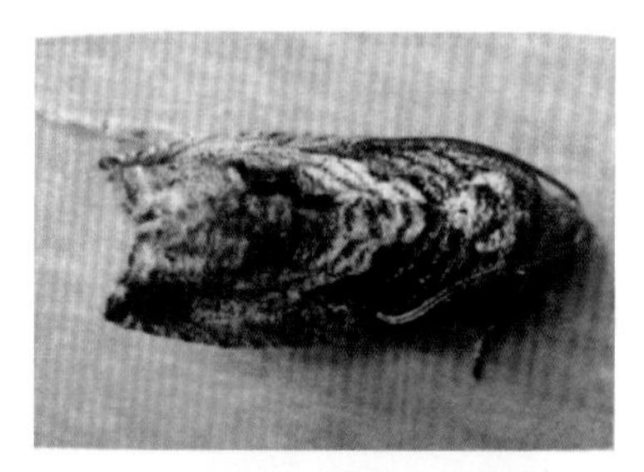

彩图 43　猕猴桃蛀果蛾成虫

彩图 44　桑白蚧危害枝干症状

彩图 45　白星花金龟子

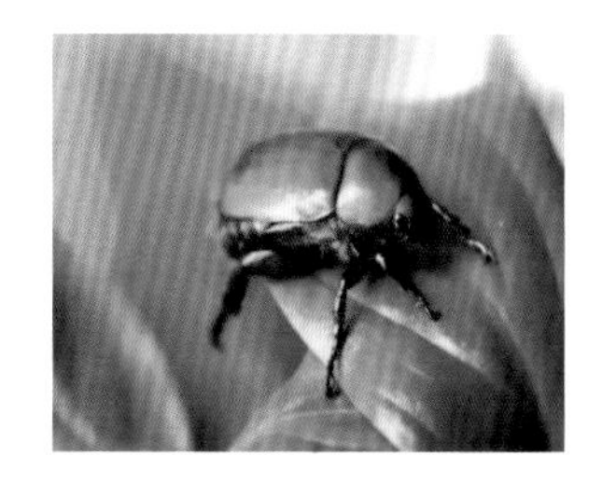

彩图 46　苹毛金龟子

彩图 47　黑绒金龟子

彩图 48　铜绿丽金龟子

彩图 49　小薪甲危害果实症状

彩图 50　小薪甲成虫

彩图 51　叶蝉危害叶片症状

彩图 52　斑衣蜡蝉成虫

彩图 53　人纹污灯蛾成虫

彩图 54　人纹污灯蛾幼虫

彩图 55　二斑红蜘蛛

彩图 56　毛毛虫

彩图 57　瓢虫

彩图 58　蜡蝉

彩图 59　叶蝉

专家帮你
提高效益

怎样提高
猕猴桃种植效益

主　编　李广文　马文哲
副主编　吴景生　胡想顺　雷　琼
参　编　李　劼　张　雯　杜　璨
　　　　牛雨佳　冯立团　郭　明

机械工业出版社

本书着眼良好农业规范（GAP）认证管理，以生产绿色食品、有机食品为目标，从猕猴桃产业发展概况、猕猴桃品种选择与生态区划，以及GAP建园技术、土肥水管理、整形修剪、花果管理、病虫害防治、采收贮藏、品牌建设与市场营销、农药使用规范等方面，推行标准化与规范化管理、生态化栽培、品牌化生产；立足猕猴桃生产实际，结合国内外猕猴桃发展经验和成果，以猕猴桃安全、优质、高效为目标，以猕猴桃生产过程为导向组织编写内容。本书吸收了新西兰、日本等发达国家猕猴桃管理经验，技术先进实用，针对性、可操作性较强，语言简练，通俗易懂，适合广大果农及相关技术人员使用，也可供农林院校相关专业的师生阅读参考。

图书在版编目（CIP）数据

怎样提高猕猴桃种植效益/李广文，马文哲主编. —北京：机械工业出版社，2024.3
（专家帮你提高效益）
ISBN 978-7-111-74605-8

Ⅰ.①怎…　Ⅱ.①李…②马…　Ⅲ.①猕猴桃-果树园艺　Ⅳ.①S663.4

中国国家版本馆CIP数据核字（2024）第032330号

机械工业出版社（北京市百万庄大街22号　邮政编码100037）
策划编辑：高　伟　周晓伟　　责任编辑：高　伟　周晓伟　刘　源
责任校对：甘慧彤　刘雅娜　　责任印制：单爱军
保定市中画美凯印刷有限公司印刷
2024年3月第1版第1次印刷
145mm×210mm·5.5印张·4插页·157千字
标准书号：ISBN 978-7-111-74605-8
定价：29.80元

电话服务	网络服务
客服电话：010-88361066	机　工　官　网：www.cmpbook.com
010-88379833	机　工　官　博：weibo.com/cmp1952
010-68326294	金　　书　　网：www.golden-book.com
封底无防伪标均为盗版	机工教育服务网：www.cmpedu.com

前 言 PREFACE

近年来，猕猴桃作为新兴特色果树在全国迅速发展，已成为乡村振兴、农民致富的主导产业之一。2020 年全国猕猴桃种植面积达 19.3 万公顷，产量约 229.1 万吨，但猕猴桃产业整体生产水平不高，主要表现为主导品种不突出、管理技术不规范、果品质量不高、特色品牌稀少、市场竞争力不强，这些因素已成为制约猕猴桃产业高质量发展的瓶颈。

2020 年以来，耕地“非粮化”“非农化”政策出台后，如何提升猕猴桃产业整体质量和效益，推行猕猴桃标准化生产、品牌化发展，助推乡村产业振兴，成为各级政府关注的重点和科技工作者解决问题的难点。编者根据当前发展形势、国际水果市场竞争趋势，从广大果农、农技推广者的需求和产业发展要求出发，借鉴国内外先进技术和研究成果，结合长期从事猕猴桃栽培实践的经验，编写了本书，希望为当前快速发展的猕猴桃产业提供应有的技术支撑，为促进产业健康发展、果农增收致富略尽薄力。

全书共分十章。各章的编写人员分工如下：李广文、胡想顺编写第一章，李广文、胡想顺、郭明编写第二章，马文哲编写第三章，杜璨编写第四章，张雯编写第五章，吴景生编写第六章、第九章，雷琼编写第七章，李劼编写第八章，牛雨佳、冯立团编写第十章，全稿最后由李广文、马文哲统稿。

需要特别说明的是，本书所用药物及其使用剂量仅供读者参考，

不可完全照搬。在实际生产中，所用药物学名、通用名和实际商品名称存在差异，药物浓度也有所不同，建议读者在使用每一种药物之前，参阅厂家提供的产品说明以确认药物用量、用药方法、用药时间及禁忌等。

由于编者能力和水平有限，书中纰漏和不妥之处在所难免，敬请读者批评指正。

编　者

目　录 CONTENTS

第一章
猕猴桃产业发展概况

第一节　猕猴桃生产基本情况

一、种类与分布

猕猴桃隶属猕猴桃科猕猴桃属，是20世纪野生果树中人工驯化栽培最成功的四大果树之一。

我国是猕猴桃种质资源的主要发源地，在种类繁多的猕猴桃属中，目前认为具有较高经济价值的有中华猕猴桃、美味猕猴桃、毛花猕猴桃、软枣猕猴桃、阔叶猕猴桃五大类。

1. 中华猕猴桃

中华猕猴桃以原产于中国而得名，又名软毛猕猴桃、光阳桃等。自然分布在陕西南部、河南、湖北、湖南、江西、安徽、浙江、江苏、福建、四川、云南、贵州、广西和广东北部，以我国南部温暖湿润地区分布较多。果实多圆球形、圆柱形或长圆形，果面被柔软茸毛，容易脱净，平均果重20~80克，果肉多以黄色为主，少量果心周围的果肉为红色，汁液多，风味以甜为主，香气浓，品质优良，市场前景好。

2. 美味猕猴桃

美味猕猴桃又名硬毛猕猴桃、毛杨桃等。自然分布在甘肃、陕西、河南、湖北、湖南、安徽、四川、云南、贵州、广西等地区。果实多卵圆形、椭圆形、圆球形或圆柱形，平均果重80~100克，果肉绿色，汁液多，风味多以酸甜为主，清香味浓。对北方高温干燥气

候的适应性较强，栽培面积和范围最大。

3. 毛花猕猴桃

毛花猕猴桃自然分布在长江以南各地，主要分布于贵州、湖南、浙江、江西、福建、广东、广西等地区。果实圆柱形、近圆形或长椭圆形，果面密被乳白色茸毛，不容易脱落，状如蚕茧，单果重多为20~30克，果肉翠绿色，汁液多，味酸。毛花猕猴桃喜温暖湿润的气候条件，目前尚未人工栽培。

4. 软枣猕猴桃

软枣猕猴桃自然分布在黑龙江、辽宁、吉林、北京、山东、山西、河北、河南、陕西、甘肃、四川、湖北、湖南、贵州、安徽、浙江、江西、福建、广西、云南等地区。果实长柱形或长椭圆形，果面为绿色，成熟时变为浅红至紫红色，光滑无毛，无斑点，单果重多为5~10克，果肉翠绿色，汁液多，味酸甜。软枣猕猴桃耐寒性强，目前属于试验栽培阶段。

5. 阔叶猕猴桃

阔叶猕猴桃自然分布在广西、广东、云南、贵州、湖南、湖北、四川、江西、浙江、安徽、台湾等地区。果实圆柱形或椭圆形，果面褐绿色，光滑无毛，具有明显的黄褐色斑点，单果重多为5~10克。

二、生产现状

1. 世界猕猴桃产业现状

目前世界上有30多个国家栽培猕猴桃，在全球水果中，猕猴桃产量仅占约0.6%的份额。全球猕猴桃产业主要集中在亚洲地区，2019年亚洲猕猴桃收获面积20.075万公顷，占比74.69%；欧洲猕猴桃收获面积4.355万公顷，占比16.20%，大洋洲猕猴桃收获面积1.51万公顷，占比5.62%；非洲猕猴桃收获面积0.938万公顷，占比3.49%。2019年世界前10位国家猕猴桃产业情况，见表1-1。

表 1-1　2019 年世界前 10 位国家猕猴桃产业情况

排位	国家	面积/公顷	产量/万吨	单位面积产量/(吨/亩①)
1	中国	182566	219. 67	0. 80
2	意大利	25080	52. 45	1. 39
3	新西兰	14922	55. 82	2. 49
4	伊朗	12773	34. 42	1. 80
5	希腊	10290	28. 59	1. 85
6	智利	7595	17. 72	1. 56
7	法国	3810	5. 58	0. 98
8	土耳其	3067	6. 38	1. 39
9	葡萄牙	2740	3. 25	0. 79
10	美国	1780	4. 67	1. 75

① 1 亩≈666. 7 米^2。

2014—2020 年，全球猕猴桃种植面积有轻微波动但整体呈现增长势态，种植面积从 2014 年的 22. 4 万公顷增加至 2020 年的 28 万公顷，增加了 5. 6 万公顷，年复合增长率为 3. 79%（图 1-1）。

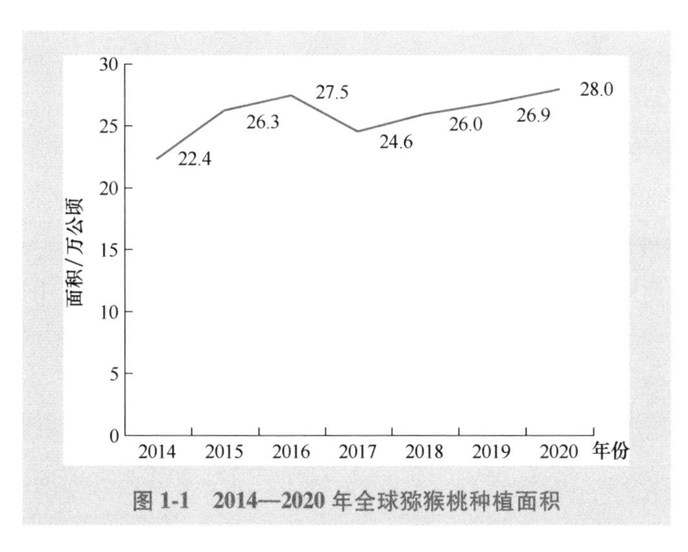

图 1-1　2014—2020 年全球猕猴桃种植面积

2014—2020 年，全球猕猴桃产量整体呈现增长势态，产量从

2014 年的 362.2 万吨增加至 2020 年的 451.8 万吨，增加了 89.6 万吨，年复合增长率为 3.75%（图 1-2）。

图 1-2　2014—2020 年全球猕猴桃产量

2. 我国猕猴桃产业现状

我国是猕猴桃属植物的原产地，具有得天独厚的自然资源。现有的 54 个种中，有 52 个为我国特有种和中心分布，湖南、四川、贵州、江西、浙江、广东、湖北、云南、广西和福建等地区的分类群最多，陕西、安徽和河南次之，其余各省分布很少，宁夏、青海、新疆和内蒙古因干旱、寒冷无猕猴桃分布。如今，我国作为全球最大的猕猴桃自然资源和栽培生产大国，其产业发展已经在全球猕猴桃产业中占据不容忽视的地位，在猕猴桃的科学研究、技术研发、产业升级等方面举足轻重，未来在产业发展、国际贸易、科学研究等方面将发挥重要作用。

我国猕猴桃种植区域主要分布在陕西、四川、浙江、云南、贵州等地区，其中陕西是我国猕猴桃产业第一大省，云南是猕猴桃种质资源第一大省。

我国猕猴桃种植面积从 2009 年的 9.5 万公顷增长至 2019 年的 18.26 万公顷，增长了 8.76 万公顷，同比增长 4.34%（图 1-3）。

我国猕猴桃总产量从 2009 年的 125 万吨增长至 2019 年的 219.67 万吨，增长了 94.67 万吨，同比增长 3.91%（图 1-4）。

图 1-3　2009—2019 年我国猕猴桃种植面积

图 1-4　2009—2019 年我国猕猴桃总产量

尽管我国猕猴桃产业发展迅速，但相对于苹果、柑橘等大宗水果，猕猴桃目前的种植面积、产量仍然很小，发展潜力巨大。

3. 陕西省猕猴桃种植情况

猕猴桃是陕西省重要的水果产业，2020 年陕西园林水果种植面积 1731. 72 万亩，产量 1808. 03 万吨，其中猕猴桃种植面积 91. 82 万亩，产量 115. 83 万吨。陕西省猕猴桃产区主要分布在六大猕猴桃种植基地区县即西安市的长安区、鄠邑区、灞桥区、周至县，汉中市的城固县，宝鸡市的眉县。

立足全球看猕猴桃产业的情况如下。

（1）从种植基本情况来看 我国是全球最大的猕猴桃种植国家，2019 年比产量第二的新西兰多 163.85 万吨。在国内种植情况方面，陕西省是猕猴桃产业第一大省，2018 年其产量达到了全国总产量的 62.78%；云南省是国内野生猕猴桃种质资源最为丰富的地区，拥有 45 个种和变种，包括了全国约 86.54%的野生猕猴桃种类，约为全球野生猕猴桃种类的 60%。

（2）从供需情况来看 我国猕猴桃国际贸易逆差明显。我国是猕猴桃生产大国，但是出口的猕猴桃数量并不多，进出口贸易逆差明显。2015—2019 年我国猕猴桃出口量均不足进口量的 7%，2020 年我国猕猴桃出口量才达到进口量的 10.86%。

（3）从品牌建设情况来看 我国农产品特色品牌建设趋势向好，商业品牌也日益壮大，佳沃、齐峰等品牌的猕猴桃在 2022 年出口贸易中捷报频传。2010—2021 年我国猕猴桃农产品品牌建设不断取得新的成果，目前共有 15 个“中国农产品区域公用品牌”、21 个“中国农产品地理标志产品”、13 个“全国名特优新农产品”、4 个猕猴桃中国特色农产品优势区域、40 个“全国一村一品示范村镇”。

三、营养价值

猕猴桃果实清香多汁，酸甜爽口，具有甜瓜、草莓和柑橘的混合香味。据测定，果肉中含有大量维持人体健康所需要的营养物质(表 1-2)，尤其以维生素 C 的含量高而闻名，其果实维生素 C 含量比柑橘、苹果、梨、葡萄等水果高出几倍到几十倍。

表 1-2 猕猴桃主要营养物质

营养物质	含量
可食部分（%）	90~95
能量/(焦/100 克)	205.8~277.2
水分（%）	80~88
蛋白质（%）	0.11~1.2

（续）

营养物质	含量
类酯物（%）	0.07~0.9
灰分（%）	0.45~0.74
纤维（%）	1.1~3.3
碳水化合物（%）	17.5
可溶性固形物（%）	12~18
可滴定酸（%）	1.0~1.6
pH	3.5~3.6
维生素 C/(毫克/100 克)	80~120
维生素 A/(毫克/100 克)	0.05
维生素 B_1/(毫克/100 克)	0.01~0.02
维生素 B_2/(毫克/100 克)	0.01~0.05
维生素 B_6/(毫克/100 克)	0.15
烟酸/(毫克/100 克)	0~0.5
钙/(毫克/100 克)	16~51
镁/(毫克/100 克)	10~32
氮/(毫克/100 克)	93~163
磷/(毫克/100 克)	22~67
钾/(毫克/100 克)	185~576
铁/(毫克/100 克)	0.2~1.2
钠/(毫克/100 克)	2.8~4.7
氯/(毫克/100 克)	39~65
锰/(毫克/100 克)	0.07~2.3
锌/(毫克/100 克)	0.08~0.32
铜/(毫克/100 克)	0.06~0.16
硫/(毫克/100 克)	16
硼/(毫克/100 克)	0.2

注：表中所有物质均以鲜重计。

猕猴桃除作为水果鲜食外，还可加工成果汁、果酱、罐头、果酒、果蜜、果脯、果冻等，可制成汽水、冰淇淋等消暑饮料，也可作为佐餐配料与装饰。

猕猴桃也具有药用价值，近代医学研究证明，果汁中的维生素C能阻断致癌物质N-亚硝基吗啉的合成。猕猴桃汁饮料可用于治疗老年心脑血管病，对降低胆固醇、β-脂蛋白和甘油三酯有显著作用，还可提高血红蛋白的含量，对预防缺血性脑血管病、脑动脉粥样硬化及冠心病也有一定作用。根可入药，性苦、寒、涩，具有清热解毒、活血化瘀、祛风利湿的功能；也可制成杀虫剂，防治蚜虫、茶毛虫等。

猕猴桃的种子含油率可达35%以上，质优味香浓，含有亚油酸，有疏通血管的功效，既可食用，也是工业上使用的干性油。种子中蛋白质含量达15%~16%，为优质的食品原料。叶片大而肥厚，淀粉含量丰富，山区农民常用其作为猪的饲料，叶片还有清热利尿、散瘀血的功效。藤蔓中含有大量的纤维素、半纤维素等，细长坚韧，可作为制造宣纸的原料；蔓中含有丰富的胶液，可用于修地坪、墙壁，使之坚固耐用。

四、前景展望

据深圳立木信息咨询发布的《中国猕猴桃种植深加工市场专项调研报告（2019版）》显示，我国猕猴桃行业的发展依然处于初级成长阶段，行业发展潜力比较大，且发展较为迅速。虽然我国猕猴桃产量位居全球第一，但是依旧不能满足国内消费需求，与其他大众水果相比猕猴桃产量依旧严重不足，如今苹果年产量4000万吨、橘子年产量3000余万吨，而猕猴桃年产量仅有200余万吨。我国猕猴桃人均消费300克，远比不上新西兰、意大利等国的人均消费量，市场需求潜力巨大。

第二节　猕猴桃生产中存在的问题

我国作为全球最大的猕猴桃生产基地，在品种选育、品质提升、品牌培育、标准化生产等方面还存在诸多问题，在全球市场上的竞争力还比较弱。

一、规模盲目扩张，质量仍然偏低

猕猴桃对产地环境要求相对严苛，对晚霜冻害、夏季高温灼伤、秋季早霜冻害、冬季冻害等气候条件异常敏感。幼树受到的影响更大，在叠加气象灾害风险后，猕猴桃的适宜区范围有限。随着我国猕猴桃种植区域的不断扩大，若缺乏科学合理的生产气候区划与发展规划，种植户在非适生区盲目种植、对局地种植适宜性的考虑不足，会造成建园成活率低、病虫害发生严重、产品质量低等问题。世界平均商品果产量为 17. 3 吨/公顷，新西兰为 23. 6 吨/公顷，产量最高的加拿大为 26. 2 吨/公顷，而我国的产量（不是商品果）仅为 6. 3 吨/公顷，远远低于平均水平。

二、良种苗木繁育体系不健全，建园投产期长

苗木是产业发展的源头，决定了今后管理技术能否科学合理地实施到位，而这个因素也经常被大多数果园所忽视，其主要表现为：一是品种发展混乱。小农户的生产会出现品种乱引进、乱繁育，混杂不清，带毒发展，造成果园的基础不牢靠。二是砧木研究滞后。由于猕猴桃进行人工栽培的时间相对较短，育苗时采用的砧木研究还不深入，目前还没有优良的抗性砧木。生产中大多利用野生美味系猕猴桃作为砧木，有的用生产性品种作为砧木，造成同一品种的适宜性在田间的表现不尽相同，生产中选择好品种的难度加大。三是苗木市场管理混乱。对冒充新品种、植物检疫不严格、专利保护品种私繁私育等不利于本行业发展的因素监管不到位。四是实生苗建园。大多果农为了不受品种混杂的影响，采用实生苗建园，然后嫁接品种，再管理幼苗，造成果园进入生产期的时间拉长，到栽后 5 年才进入始果期，大大推迟了果园的投产时间，严重限制了猕猴桃产业的发展。

三、资金投入不足，防灾减灾能力差

猕猴桃建园一次性投资大，主要包含土壤改良、苗木、架材、水肥一体设施，一般为每亩 3000 元左右。受全球气候变暖影响，强对流天气增多，气候变化剧烈异常，灾害性天气增加，生产中需要防雹

网、防风林带、喷淋系统、节水灌溉等必要的设施建设以抵御冰雹、大风、晚霜、冻害、雪灾、干旱等危害。而一般果农资金有限，投资不了这些设施，面对大灾很无助，猕猴桃产业靠天吃饭的窘境仍然未改变。

四、调节剂滥用，单纯追求产量

植物生长调节剂是人工合成的（或从微生物中提取的天然的）具有和天然植物激素相似生长发育调节作用的有机化合物。它因为用量极小，作用极显著，在农业生产中被广泛使用。科学合理的使用，对于提高产品质量、改善作物生长、提高抗性等作用明显，一直是农业生产中的重要技术措施。

目前，在猕猴桃生产中使用的植物生长调节剂主要有氯吡脲、噻苯隆及贮藏保鲜剂（聪明鲜）。从 20 世纪 90 年代开始推广“大果灵（也有人称其为营养液）”以来，其膨大果实、增加产量的效果十分显著，尤其是氯吡脲，可使猕猴桃增产 30%~50%，在客商、市场大果诱导下，其使用量越来越大，果实越生产越大，出现了猕猴桃果心硬化、风味变淡、贮藏性变差等一系列质量问题。

五、小农户大市场，产业化程度低

世界各果品生产先进国都建有行业协会等一类的社会化服务组织，以推广规范化先进生产管理技术，约束成员的生产、销售行为，维护自己的合法权利，使产业成为一个有机整体。我国的猕猴桃生产绝大部分属于孤立的、小规模家庭经营型的果园，管理水平千差万别，没有统一的技术标准，采收贮藏随意性大，尽管有少量果园的管理水平较高，可以生产少量优质果实，但所占比例很小，总的局势是果品质量良莠不齐。不同产地、不同批次的果品之间质量差异很大，难以生产出适应现代市场要求的大批量的标准化商品果实，无法适应新时代商品经济社会的产业化经营要求。同时，果实的销售基本上完全依赖于孤立零散的客商销售、网上自销，不同的客商有不同的要求标准，不利于猕猴桃果实的标准化、规模化生产。产业化程度比较低，是制约猕猴桃产业健康可持续发展的限制性因素。

第三节 提高猕猴桃种植效益的主要途径

一、科学引种与规划

我国能种植猕猴桃的地域比较辽阔，不同品种有其适宜的气候、土壤等自然条件，需要对拟发展品种深入调研、开展中试后再推广。一般来说，本地选育的品种最适宜在当地及周边自然条件类似地区发展，长距离引种就需要谨慎，特别是红肉类型的猕猴桃引种，必须根据当地的小气候、土壤类型、管理水平、交通运输条件等综合考虑，建议以避雨栽培、冷棚栽培为好，进行规划设计，做好品种推广前的中试工作，降低今后产业发展的风险。

做好果园规划与设计。科学规划设计栽植区域、配套设施及未来发展需要，综合考虑道路系统、堆制有机肥场所、水肥一体化控制室或工具室等。设施的便利可以提高工作效率，特别是机械化操作。

二、因地制宜，选择优良品种

目前市场供应的猕猴桃主要为绿肉类型的美味猕猴桃和黄肉及红心类型的中华猕猴桃。

绿肉类型的美味猕猴桃是目前和今后较长时期内的主要栽培类型，但目前的主栽品种需要进行调整。海沃德口感偏酸、徐香果型偏小、秦美品质不佳等缺点若不克服，果园的经济效益难以保障。美味猕猴桃一般抗性较强、产量高、耐贮性好，若品质得到提高，果园经营的风险则会降低。如能选择到可溶性固形物含量在18%以上、可滴定酸含量在1.3%以下、单果达到100克左右的果实，仍可适度发展。

黄肉类型的中华猕猴桃品种果皮光滑无毛、含酸量低、口感偏甜，较受国内市场的青睐，今后的栽培面积还会进一步增加。目前生产中利用的4倍体类型的品种在贮藏性、风味品质等方面还存在欠缺，生产中需要推出新的高抗性主导品种。

红心类型的中华猕猴桃品种如红阳，由于其优异的食用品质，近年来得到了快速发展，但这类品种大多是对溃疡病敏感，红阳等2倍体的红心类型品种大多在抗病性、生长势、耐热性、耐贮性等方面欠佳，通过避雨、遮阴等措施可在一定程度上弥补这类品种自身的缺陷。自然界中存在全红型、橙色等类型的猕猴桃，由于品质不佳而难以直接利用，可利用猕猴桃种间生殖隔离不严格的特性，通过远缘杂交选育彩色猕猴桃，丰富猕猴桃类型以满足市场多样化的需求。

即食性软枣猕猴桃和容易剥皮的维生素C含量高的毛花猕猴桃已经开始规模化栽培，发展迅速。软枣猕猴桃因其大小适口、树上完成后熟过程、可采期长、耐溃疡病能力强等特点，适合城市郊区观光果园发展。冷链物流业的发展有利于克服软枣猕猴桃不耐贮运的缺点，促进软枣猕猴桃产业的发展。毛花猕猴桃果实维生素C含量是一般中华美味猕猴桃的6倍左右，果实具有容易剥皮、便于食用的特点。毛花猕猴桃目前可被商业化栽培利用的品种不多，并且果实口感偏酸。但随着新品种的推出，这一类型的开发利用会得到加强。

如此众多品种，各有优缺点，也各有最佳适栽区域和配套栽培技术，不能简单地选择品质最好的品种来栽培。因此，选择适栽品种，应从“好看、好吃、好管”的要求出发，兼顾土壤、气候、市场、社会经济等条件进行综合考虑，以发挥出优良品种的优良品质特性。

另外，猕猴桃是一种雌雄异株、具有较强花粉直感效应的树种，授粉品种的选择对雌株果实形状、单果质量和品质有很大影响。作为果树植物，目前生产上雌株的经济价值和需求量明显大于雄株，育种工作仍主要集中在雌株品种选育方面，雄株品种少，导致生产中选用的雄株混乱，机械授粉等人工授粉技术也刚刚开始不久，并未得到广泛应用。

三、建立规范的良种苗木繁育体系

苗木是产业化的基础，苗木的优质化、标准化、无毒化十分重要。砧木的好坏和抗性差异也会给树体管理带来不同的表现性状，应利用现有的资源进行砧木资源的发掘，促进树体健康。中华猕猴桃和美味猕猴桃实生苗的根系抗涝、抗旱、抗寒、抗盐碱及耐贫瘠能力较差，嫁接的品种往往长势偏弱。猕猴桃属中不同种对环境适应性存在差异，而部分种间嫁接亲和性较好，选用抗性砧木，可以改变目前主要利用野生美味猕猴桃种子和残次果种子作为砧木的局面。

同时，建立优质苗木繁育技术体系，生产优质壮苗和容器苗，切断溃疡病和根腐病等通过苗木传播的途径，取代目前的裸根小苗和实生苗，提高建园成功率，促进提早结果。

加强苗木市场管理，治理混杂、冒充新品种、植物检疫不严格、专利保护品种的苗木“满天飞”等不利于本行业发展的现象，保护猕猴桃产业的健康发展。

四、实施集约化、规模化、标准化生产

猕猴桃果实品质的构成因素很多，从最开始的品种选择或苗木培育、果园规划设计、园地管理技术、果实采收指标到冷藏物流等整个产业链的每个环节等都会影响到今后果实的品质。

小农户的生产主体很难推广、应用标准化的技术体系，这对于提高品质，竞争高端市场几乎不可能。随着现代农业体系的逐步完善，可以通过政策、资金诱导，以现代农业企业、合作社、家庭农场、高素质农民等新型市场主体为引领，开展适度规模化生产经营，加强科学技术的研究示范，促进三产融合，集成一套“建园、土壤管理、树冠控制、肥水一体化、科学修剪、合理负载、病虫害控制、贮藏保鲜”标准化的生产技术体系，推动产业的转型升级。

第二章
适树适栽　发挥品种优势

第一节　猕猴桃品种选择与生态区划存在的问题

一、新特优品种选育不能满足生产需求

品种及品种结构是猕猴桃产业的基础和保障。当前我国栽培的猕猴桃品种中，有 75.3%为绿肉类型品种，7.7%为黄肉类型品种，8.1%为红心类型品种，8.9%为软枣猕猴桃和毛花猕猴桃品种。先进发达的新西兰有 34%为黄肉类型品种，绿肉类型品种已减至66%。红肉、黄肉类型猕猴桃品种因营养丰富和风味浓甜而越来越受消费者和生产者的喜爱。但大多数红肉、黄肉类型猕猴桃品种不抗溃疡病，在生产中遭淘汰。因此，需要加大猕猴桃定向育种水平和能力建设，培育质优容易栽培的品种，保障猕猴桃产业持续发展。

二、猕猴桃栽培优势生态区域尚未形成

我国猕猴桃人工栽培起于 1978 年的猕猴桃种植资源普查，真正开展人工栽培研究的时间也只有 40 余年，品种、砧木、土肥水等技术研究尚处于起始阶段，对其生物学特性、生长结果特性等研究不是十分清楚。猕猴桃是对土壤、气候要求较为严格的树种，我国气候南北跨越五个气候带，土壤性质各不相同，导致猕猴桃栽培的优势生态区域有待进一步探索研究。

三、适栽品种区划尚在探索中

猕猴桃是一种新兴果树，发展速度很快，近 10 多年来其产量均

以20%的幅度增加，但仍然属于小众果树，关于其发展的适度规模、区域布局、品种结构、目标市场和发展趋势的研究开展的工作不够充分，对猕猴桃不同品种的区域化栽培指导缺乏理论支持。在市场方面，大多数消费者对其特点知之甚少，我国关于猕猴桃消费趋势和消费市场培育方面的研究基本空缺，现在培育的品种也很少进行消费者喜好度测试。猕猴桃的品种性状受个人偏好的影响大，新的品种在进入商业化应用前，没有综合考虑适栽区域及消费群体、经销商、种植者的需求，没有做到消费者满意、经销商愿意销售、种植者容易生产出来等试验研究，栽培种的品种选择更多仅仅倾向于品质因素，对产业的持续健康发展不利。

四、按照猕猴桃栽培区域优选品种

猕猴桃栽培需要温度适宜、降水适中、光照充足，以及有机质含量高、透气性良好、pH 为 5.5~6.8 的土壤。不同生态环境的气候、土壤等自然条件对猕猴桃栽培影响深远，要发挥猕猴桃不同品种的特性，需要根据栽培区域的自然条件选择适宜的品种，使该品种在最佳的适宜区栽培，才能发挥品种优势，最大限度地实现区域化、优质化。

1. 黄河流域猕猴桃栽培区

黄河流域自然条件为光照充足，太阳辐射强；季节差异大，温差悬殊；降水集中，分配不均，年际变化大；湿度低、蒸发大，无霜期短，灾害性天气频发。陕西省是我国最大的猕猴桃种植省份，种植区域主要分布在西安市周至县、户县，宝鸡市眉县、咸阳市武功县，该区域是美味猕猴桃栽培的适生区域。

2. 长江流域猕猴桃栽培区

长江流域大部分属于亚热带季风气候，年平均气温呈东高西低、南高北低的分布趋势，该气候夏季炎热多雨、冬季寒冷少雨，雨热同期。最冷月平均气温不低于0℃，最热月平均气温高于22℃，年降水量在800毫米以上，由于地域辽阔，地形复杂，季风气候十分典型。长江流域最适合猕猴桃种植，尤其适合中华猕猴桃种植。

第二节　猕猴桃主栽品种的选择

一、我国猕猴桃育种进展

据统计，1990 年初，全国野外普查初选 1450 个优良单株。1978—2013 年我国审定或鉴定美味猕猴桃品种 22 个、新品系 26 个，中华猕猴桃品种 37 个、新品系 38 个，软枣猕猴桃品种 16 个，毛花猕猴桃品种 1 个，另有观赏品种 3 个。自 2000 年以来国内各育种单位更加注重品种权的保护，从 2004 年起，累计有 76 个新品种获得植物新品种权。与此同时，猕猴桃的销售除了品种外开始注重品牌化运营，出现了佳沃、奇峰、阳光味道、悠然和中科金果等众多企业品牌，还有西峡猕猴桃、水城猕猴桃、蒲江猕猴桃、苍溪猕猴桃和眉县猕猴桃等系列区域品牌。猕猴桃遗传资源及其新品种选育的成就将引领国际猕猴桃科研及产业进程，对世界猕猴桃产业的可持续发展具有极其重要的意义。

二、如何选择栽培品种

在众多猕猴桃品种中，选择栽培优质猕猴桃品种是我们的愿望，那么如何评价猕猴桃品种的品质？主要从生产者、消费者两个方面考虑，简单说就是选择“三好品种”，即好看、好吃、好管，具体我们可以从以下 9 个指标考量。

1）风味：含可溶性固形物 17%、干物质 20%，糖酸比平衡，含维生素 C 100 毫克/100 克，富含芳香物质。

2）色泽：红、黄、绿果肉，色泽鲜艳、吸引人。

3）果个：单果重 100 克左右。

4）果形：高桩、皮毛光顺、品相好看。

5）方便性：皮利剥食、表皮光洁可食。

6）贮藏性：在冷库贮藏期不少于 6 个月。

7）货架期：自然条件下 10 天以上。

8）丰产性：美味猕猴桃和中华猕猴桃亩产不低于 2000 千克。

9）栽培性状：栽培技术简单，抗逆性强，容易栽培。

三、中华猕猴桃优良品种

1. 主要雌性品种

（1）黄金奇异果（Hort16A）　由新西兰园艺研究所育成，为Zespri公司专利品种。果实呈倒圆锥形，整齐美观，单果重80～140克，果皮细嫩，易受伤。果肉为金黄色，含维生素C 120～150毫克/100克，软熟后含可溶性固形物15%～17%，风味甜，香气浓。10月中下旬成熟，贮藏期较长，货架期3～10天。树势强旺，极丰产（彩图1）。

（2）华优　2007年1月经陕西省果树品种审定委员会审定通过，是中华猕猴桃和美味猕猴桃自然杂交的后代。单果重为80～120克，最大单果重150克，果肉呈黄色、浅黄色，果面为棕褐色或绿褐色，茸毛稀少，细小易脱落，果皮厚、难剥离，香气浓郁，口感浓甜，极为适口。3月萌芽，4月下旬~5月上旬开花，9月下旬果实成熟，最佳采收期为10月上旬（彩图2）。

（3）红阳　由四川省资源研究所等育成。果实呈短圆柱形，果顶下凹，单果重68.8～87克。果肉为黄绿色，果心周围有放射状红色，肉质细、多汁，含总糖13.45%、有机酸0.49%、维生素C 135.77毫克/100克，软熟后含可溶性固形物16%，香甜爽口。4月中下旬开花，9月上中旬成熟，耐贮性强（彩图3）。

（4）农大金猕　由西北农林科技大学选育，是以金农2号为母本、金阳1号雄株为父本杂交选育成的黄肉类型猕猴桃新品种，2016年12月通过陕西省果树品种审定委员会审定。该品种果实近圆柱形，果皮为褐绿色，被稀疏短茸毛。平均纵径5.23厘米、横径4.76厘米，平均单果重82.1克。未熟果果肉为绿黄色，软熟后果肉为黄色，肉质细嫩、多汁，风味香甜爽口。含可溶性固形物20.2%、总糖14.2%、总酸1.42%、维生素C 204.52毫克/100克，抗溃疡病能力强（彩图4）。

2. 主要雄性品种

（1）磨山1号　开花早，花量大，花粉量大，花期20天，可作为早、中乃至晚期开花的雌性品种的授粉品种，为目前国内选出的最好雄性品种之一。

（2）郑雄1号 开花早，花量大，花粉量大，花期10~12天，可作为早、中期开花的雌性品种的授粉品种。

（3）岳-3 开花时间中等，花量大，花粉量大，可作为中、晚期开花的雌性品种的授粉品种。

（4）厦亚18 开花早，花量大，花期20天，可作为早、中、晚期开花的雌性品种的授粉品种。

（5）磨山雄2号 由中华猕猴桃实生选育而成的特早花雄性新品种。该品种树势中等，萌芽率80%以上，花枝率100%，成花容易。花为聚伞花序，白色，花量大，花冠直径34毫米，花瓣6~7片，花丝数约43枚，花粉量大，花药纵横径1.7毫米×0.8毫米，花粉萌发率56%~84%。开花早，在武汉4月中上旬初花，花期12~14天，能与早花雌性品种红阳、东红、红华、金玉、金农、川猕3号、丰悦和武植7号等花期相遇。尤其对2倍体红心类型品种授粉能促进果实品质改善、红色加深，可作为早花红心品种的专用授粉树。

（6）磨山4号 花期15~21天（在武汉为4月中下旬~5月上旬），涵盖常见中华系4倍体雌性品种（品系）和早花的美味猕猴桃6倍体雌性品种。花萼6片，花瓣6~10片，花径4~4.3厘米，花药为黄色，平均每朵花的花药数为59.5个，每个花药的平均花粉量为40100粒，平均每朵花的可育花粉达189.3万粒，发芽率75%，用它作为授粉树可以增加果实重量和维生素C含量。该品种抗病虫能力强。

四、美味猕猴桃优良品种

1. 主要雌性品种

（1）海沃德（Hayward） 美味猕猴桃，由新西兰于20世纪20年代选育。果实呈长圆形，单果重80~150克，果皮绿褐色，密被褐色硬毛。果肉为翠绿色，含总糖7.4%、总酸1.5%、维生素C 93.6毫克/100克，软熟后含可溶性固形物14.6%，风味酸甜适口，有香味。货架期长，是目前猕猴桃品种中最耐贮藏的品种。在陕西关中地区5月下旬开花，10月下旬成熟。树势中庸，要求管理水平较高，抗风能力较差，但品质优良，果形美观，在国际猕猴桃市场占统治地位，是目前除我国之外的绝大部分猕猴桃栽培国的主栽品种（彩图5）。

（2）秦美　由陕西省果树研究所与周至猕猴桃试验站育成。果实呈椭圆形，单果重100~160克，果皮为褐色，密被黄褐色硬毛。果肉为翠绿色，含总糖8.7%、总酸1.58%、维生素C 140.5毫克/100克，软熟后含可溶性固形物14.4%，风味酸甜多汁，有香气，货架期较长，较耐贮藏。在陕西关中地区5月中旬开花，10月上旬成熟。适应性强，易管理，丰产性和连续结果性能好（彩图6）。

（3）米良1号　由湖南省吉首大学生物系育成。果实呈长圆柱形，平均单果重95克，果皮为棕褐色，密被黄褐色硬毛。果肉为黄绿色，含总糖7.4%、有机酸1.25%、维生素C含量207毫克/100克，软熟后含可溶性固形物15%，风味酸甜多汁，有香气，货架期较长，较耐贮藏。在陕西关中地区5月中旬开花，10月上旬成熟。极丰产、稳产，抗逆性较强，是鲜食、加工兼用的优良品种（彩图7）。

（4）金魁　由湖北省农业科学院果树茶叶研究所育成。果实呈阔椭圆形，单果重103~172克，果皮为黄褐色，密被棕褐色茸毛，果侧面微凹。果肉为翠绿色，含总糖13.24%、有机酸1.64%、维生素C 120~243毫克/100克，软熟后含可溶性固形物18.5%~21.5%，风味酸甜多汁，具有清香味，货架期长。在陕西关中地区5月上旬开花，10月上旬成熟。丰产、稳产，适合于长江流域栽培（彩图8）。

（5）徐香　由江苏省徐州市果园场育成。果实呈圆柱形，单果重75~137克，果皮为黄绿色，果肉为绿色，含维生素C 99.4~123.0毫克/100克，软熟后含可溶性固形物15.3%~19.8%，风味酸甜适口，香气浓，货架期、贮藏性较长，但抗寒性稍差。在陕西关中地区5月中旬开花，10月中旬成熟（彩图9）。

（6）哑特　由西北植物研究所等育成。果实呈圆柱形，单果重87~127克，果皮为褐色，密被棕褐色糙毛，果肉为翠绿色，含维生素 C 150~290 毫克/100 克，软熟后含可溶性固形物 15.3%~19.8%，风味酸甜适口，具有浓香，货架期、贮藏性较长。在陕西关中地区 5 月中旬开花，10 月上旬成熟。生长势健旺，适应性、抗逆性强（彩图 10）。

（7）贵长 由贵州省果树研究所选育。果实呈长圆柱形，单果重 70~100 克，果皮为棕褐色，果肉为翠绿色，多汁，含总糖 4.0%、总酸 1.16%、维生素 C 40.6 毫克/100 克，软熟后含可溶性固形物 17.5%，香甜味浓，货架期、冷库贮藏期可达 4~6 个月。在黔北地区 5 月上旬开花，10 月上中旬成熟，晚熟品种（彩图 11）。

（8）金香 由西北农林科技大学果树研究所与陕西省宝鸡市眉县园艺工作站等共同育成。果实近圆柱形，单果重 87~116 克，果顶洼陷，果面有黄褐色短茸毛。果肉为绿色，细腻多汁，含总糖 9.27%、总酸 1.29%、维生素 C 71.34 毫克/100 克，软熟后含可溶性固形物 14.3%~14.6%，风味酸甜，爽口。货架期、贮藏性较长。在陕西关中地区 5 月上中旬开花，9 月中下旬成熟，树势强健（彩图 12）。

（9）翠香 由西安市猕猴桃研究所选育。品质优，果实呈长纺锤形，纵径 6.5 厘米，横径 4.5 厘米，平均单果重 92 克，最大单果重 130 克。在宝鸡眉县地区 9 月上中旬成熟，树势强，但萌芽率稍低，在栽培过程中管理不当时容易发生黑头病（彩图 13）。

（10）农大猕香 由西北农林科技大学选育，2015 年通过陕西省果树品种审定委员会审定。树势旺，抗逆性强。单生花为主，坐果率 92%。果实为长圆柱形，平均纵径 7.35 厘米、横径 4.49 厘米，平均单果重 95.8 克，最大单果重 156 克，果皮为褐色，果面被有茸毛、较短。软熟后果肉为黄绿色，果心较小，质细，风味香甜爽口，含可溶性固形物 13.9%~18.9%、总糖 12.5%、总酸 1.67%、维生素 C 243.92 毫克/100 克。在陕西关中地区 4 月 25 日左右为盛花期，开花比徐香早 5 天，比海沃德早 10 天，10 月 20 日左右采收，果实发育期为 175 天。在室内常温下存放 40 天左右，在（1±0.5）℃贮藏条件下可存放 150 天左右（彩图 14）。

（11）瑞玉 由陕西省农村科技开发中心联合陕西佰瑞猕猴桃研究院有限公司选育，2015 年 1 月通过陕西省果树品种审定委员会审定。果实呈长圆柱形兼扁圆形，平均单果重 95 克，最大单果重 142 克；果皮为褐色，被有金黄色硬毛，果顶微凸；平均每个果实有种子 450 粒；果肉为绿色，细腻多汁，风味香甜；含可溶性固形物 21.3%、干物质 23%、维生素 C 118.09 毫克/100 克、可滴定酸 0.82%、可溶性总糖 11.55%，糖酸比为 14.09。常温下后熟期 20~25 天，货架期 30 天左右，冷藏可贮藏 5 个月左右。在陕西省秦岭北麓地区 3 月中旬萌芽，5 月上旬开花，果实第一次膨大期发育快，果实 9 月中下旬成熟（彩图 15）。

（12）金福 选自周至县秦岭北麓，金指金周至，福指被誉为天下第一福地的楼观台，这就是金福猕猴桃名字的来由。果实呈长圆柱形，果皮为黄褐色，生有浅灰色硬短毛，果形美观；平均单果重 108 克，最大单果重 149 克；果肉为翠绿色，肉细多汁，酸甜可口，香味浓郁；果实成熟时，含可溶性固形物 19.6%~2.3%、维生素 C 172 毫克/100 克、总酸 1.26%。耐贮运，货架期可达 30~50 天，果实仍不失水、变形、变味。在陕西周至 5 月上旬开花，10 月中下旬成熟，属晚熟品种（彩图 16）。

2. 美味猕猴桃雄性品种

（1）秦雄 401 由周至猕猴桃试验站选出，是秦美品种的授粉雄株，开花较早，可作为早中期开花雌性品种的授粉品种，花期长，花量大，树势较旺。

（2）马图阿（Matua） 从新西兰引入，开花时间中等，可作为大多数中等花期雌性品种的授粉品种，花期 15~20 天，花量大，树势较弱。

（3）陶木里（Tomuri） 从新西兰引入，开花较晚，可作为晚开花型雌性品种的授粉品种，花粉量大，花期 5~10 天。

（4）湘峰 83-06 开花较晚，花粉量大，花期 9~12 天，授粉范围同陶木里。

（5）郑雄 3 号 由中国农业科学院郑州果树研究所等育成，开

花晚，花粉量大，花期长，授粉范围同陶木里。

五、软枣猕猴桃优良品种

（1）魁绿 由中国农业科学院特产研究所从野生软枣猕猴桃中选出。平均单果重18.1克，最大单果重32克，果实呈卵圆形，果皮为绿色、光滑。果肉为绿色，多汁，细腻，风味酸甜，含可溶性固形物15%、总糖8.8%、总酸1.5%、维生素C 430毫克/100克。在吉林地区伤流期为4月上中旬，8月中下旬成熟。树势旺，坐果率可高达95%以上。抗逆性强，在绝对低温-38℃的地区栽培，多年无冻害和严重病虫害，为适于寒带地区栽培的鲜食、加工两用品种。加工的果酱，色泽翠绿，含丰富的营养成分，保持了果实独特的浓香风味。该品种已申请了新品种保护。

（2）丰绿 由中国农业科学院特产研究所从吉林省集安县复兴林场的野生植株中选出，1993年通过鉴定。果实呈圆形，果皮为绿色、光滑，平均单果重8.5克。果肉为绿色，多汁，细腻，含维生素C 255毫克/100克、可溶性固形物16.0%，在吉林地区9月上旬果实成熟。属软枣猕猴桃新品种，分布于我国北方各省，具有抗寒性强、果实品质优良等特性。其果实酸甜适口、风味独特，是寒冷地区一种经济价值高、利用前途广、适于加工与鲜食的栽培品种，是开发绿色食品理想的野生果树，尚无大面积人工栽培。

（3）佳绿 由中国农业科学院特产研究所选育，2014年3月通过审定命名。果实呈长柱形，果皮为绿色、光滑无毛，平均单果重19.1克，含可溶性固形物19.4%、总糖11.4%、总酸0.97%、维生素C 125毫克/100克，丰产性好，抗寒、抗病性强，在吉林地区9月初成熟。

（4）龙成2号 是辽宁丹东市宽甸龙成发展有限公司于2002培育成功的优质品种，此后经过多年的反复选育，确定了其稳定性，2014年12月13日被辽宁省林木良种审定委员会认定为林木良种，此后该品种开始向全国推广。果实呈圆柱形，外观为浅紫色，单果重25~40克，果肉为翠绿色，多汁、细腻、酸甜适度。果实适应力极强，有较强的耐热耐寒能力。2年见果，3年以后进入初果期，宝鸡眉县引进栽培，初步看表现良好。

（5）天源红　由中国农业科学院郑州果树研究所等单位选出，属于软枣猕猴桃。该品种树势较强，适应性中等。果实呈柱形或近椭圆形。平均单果重17克，最大果重27克。果皮为棕红色，无毛、光滑。充分成熟后果肉全面为玫瑰红色，汁液中等，风味酸甜，有微香，含可溶性固形物15.6%～17%、维生素C 183毫克/100克。在河南地区8月中旬成熟，鲜食、加工皆宜。该品种已申请了新品种保护。

第三节　猕猴桃砧木的选择

研究表明，果树砧木对接穗品种的早果、丰产、品质改善和抗性提高等方面都有较大的作用。砧木的推广应用，对果树生产具有重要意义。葡萄、桃、樱桃、梨、苹果等果树砧木的研究较为深入，在生产中的应用也较为普遍。国内外对猕猴桃砧木研究开展的工作较少，生产中可利用的猕猴桃专用砧木不多。目前，在猕猴桃栽培中通常采用共砧嫁接中华猕猴桃或美味猕猴桃。

一、国外猕猴桃砧木的应用概况

在猕猴桃产业发达的国家新西兰，美味猕猴桃布鲁诺（Bruno）实生苗被广泛用作猕猴桃砧木，能促进海沃德（Hayward）等品种快速生长并具有丰产性。

凯迈（Kaimai）是新西兰于20世纪90年代初选育的一个优良猕猴桃砧木品种，它可以大幅度提高美味猕猴桃的萌芽率，增加花量，进而提高果实产量，能使果实产量比在普通砧木条件下增加近1倍，在新西兰各猕猴桃产区均表现一致。2000年湖南园艺研究所引进凯迈，并对其进行调查研究。结果表明，凯迈树势强旺，抗病虫、抗旱能力强，特别是抗旱性明显强于中华猕猴桃、美味猕猴桃。但是，耐渍性弱于中华猕猴桃和美味猕猴桃，其对土壤通透性的要求较高。

意大利一般选择美味猕猴桃海沃德实生苗作为Hort 16A、海沃德的砧木，艾米利亚和罗马涅区选择D1 Vitroplant（从自然授粉的布鲁诺后代中获得的雄性实生苗）作为砧木。智利的果园一般用海沃德及布鲁诺两种砧木。日本选择耐涝性较强的山梨猕猴桃（A. rufa）作为砧木或中间砧。

二、国内猕猴桃砧木的应用概况

目前，我国一般使用野生的中华猕猴桃、美味猕猴桃或栽培品种秦美、米良一号实生苗作为砧木。秦美猕猴桃原为野生猕猴桃自然杂交后代，1980年在周至县山就峪沟大回村被发现，编号“周至111”。1981年利用实生猕猴桃苗嫁接，在周至县司竹乡金官村建立0.8公顷示范园，正式定名为秦美猕猴桃。秦美猕猴桃树势健壮，适应性广，抗逆性强，能耐42℃高温，在-20℃的露地条件下能安全越冬。米良1号猕猴桃是吉首大学从野生猕猴桃中通过单株选育而来的优质、高产美味猕猴桃品种，其抗寒性和抗旱性强，病虫害很少发生。

近年来，我国有些产区使用对萼猕猴桃（A. valvata）作为砧木。对萼猕猴桃根系发达，不仅适宜山区栽培，而且适宜平原地区与易积水区域，用对萼猕猴桃作为砧木与猕猴桃的优良品种嫁接后，表现出很强的亲和力，能保持优良品种的性状，具有很强的抗渍、抗病虫害能力。

随着猕猴桃研究的不断深入，砧木、品种及砧穗不同组合对生产的影响将逐渐清晰明了，这将是猕猴桃研究的重要方向和目标。

第三章
猕猴桃 GAP 建园技术

第一节　实施良好农业规范的意义

一、GAP 的概念

GAP 即良好农业规范（Good Agricultural Practices），是一套针对农产品生产的操作标准，应用现有知识处理农场产前、产中、产后过程的环境、经济和社会的可持续性，从而获得安全、健康的食物和非食用农产品，是提高农产品生产质量安全管理水平的有效手段和工具，最终确保农产品和食品质量安全、保护生态环境及人与动物的健康。目前，关于 GAP 的研究国内外报道很多，在茶、果蔬、中草药等生产中应用比较广泛。

为了适应我国农产品市场准入规则，进一步提升猕猴桃种植、管理水平，发展无公害、绿色、有机猕猴桃，在猕猴桃生产中执行 GAP 是当务之急，这对满足生产者和消费者的特定需求，拓展猕猴桃市场，促进猕猴桃产业快速、健康的可持续发展，提高我国猕猴桃的国际竞争力具有重要的现实意义。

二、GAP 的起源和发展

近年来，随着整个农业生产水平的提高，化肥、农药、良种等投入品对增产的贡献率趋减，大量的农用化学物质和能源投入对环境造成严重伤害，导致土壤板结、土壤肥力下降、农产品污染，甚至生态灾难，从而引起了人们的反思。

1997 年，欧盟零售商协会（Euro-Retailer Produce Working Group，

EUREP）制定了欧洲零售商农产品良好农业规范标准，简称为EUREP GAP，成为欧盟的良好农业规范，并开展认证工作。EUREP GAP 采用 HACCP（危害分析和关键控制点）方法，确定良好农业规范的控制点和符合性规范，对农产品种植、养殖过程中可追溯性、食品安全、环境保护和员工福利等提出综合性要求，增强了消费者对 EUREP GAP 产品的信心，也得到了零售商们的大力支持，EUREP GAP 在全球得到迅速发展，被世界许多国家充分接受。

2007 年 9 月，在曼谷举行的第八次 EUREP GAP 年会上，将 EUREP GAP 更名为 GLOBAL GAP（全球良好农业规范）。GLOBAL GAP 在控制食品安全危害的同时，兼顾可持续发展的要求，以及区域文化和法律的要求。其以合格评定的方式推广实施，通过文件中的控制点和符合性标准，对所实施的良好农业规范提供系统的、客观的持续验证。这一认证制度已逐步成为参与国际贸易活动的必备资格。2001 年，EUREP 秘书处首次将 EUREP GAP 对外公开发布，2005 年正式发布了第二版，EUREP GAP 更名后，又发布了第三版。目前，包括美国、中国、英国、德国、法国等在内的多个国家和地区相继制定了 GAP 法规或标准，而应用最为广泛的还是 GLOBAL GAP。

三、GAP 的原则和基本内容

2003 年，联合国粮农组织（FAO）提出了良好农业规范应遵循的四大原则和基本内容要求，指导各国和相关组织制定与实施良好农业规范。

1. 四大原则

1）经济而有效地生产充足、安全而富有的食物。

2）保持和加强自然资源基础。

3）保持有活力的农业企业和可持续生计。

4）满足文化和社会需求。

2. 基本内容要求

1）与土壤有关的良好规范。

2）与水有关的良好规范。

3）与作物和饲料生产有关的良好规范。

4）与作物保护有关的良好规范。

5）与畜禽生产有关的良好规范。

6）与畜禽健康和福利有关的良好规范。

7）与收获和农场加工及贮存有关的良好规范。

8）与能源和废物管理有关的良好规范。

9）与人的福利、健康及安全有关的良好规范。

10）与野生动物和地貌有关的良好规范。

四、实施 GAP 的意义

1. 从源头上保障食品和农产品质量安全

GAP 认证的对象是农业生产经营者或由独立生产经营者组成的联盟，要求初级农产品种植、养殖过程实施科学、系统、标准化的管理。组织按标准建立体系并按要求运行，可为农产品的安全生产提供良好的保障。

2. 推进我国现代农业发展

GAP 认证是国家认监委充分考虑我国食品安全现状和农业发展水平，在借鉴国际开展食品农产品认证经验的基础上，建立的一种认证制度。GAP 目前已成为国际通行的农业管理方式，借鉴这一先进的管理方式对我国现代农业发展必将起到重要的推动作用。

3. 提高生产基地生产全程管理水平和企业经济效益

GAP 认证可以促进企业提出明确的管理要求，如种植业需建立科学有效的病虫害综合防治计划；实现农药的合理使用和有效控制；有效降低农产品原料农药残留超标风险；建立可靠的产品追溯体系；提高种植技术等。通过认证也有助于得到客户的认可，促进产品的销售，也将给企业带来更大的经济效益。

4. 提高产品出口的竞争力

GAP 认证已成为进入欧洲零售市场及国际市场的通行证。企业建立 GAP 体系，通过认证能有效地消除贸易壁垒，并得到国际采购商的认可。

5. 推动农业的可持续发展

当前，我国农业生产存在土地资源质量下降、环境污染严重等问题，给我国农业的可持续发展造成了严重的障碍。GAP 标准的大量条款都关注了农业的可持续发展，是支持农业可持续发展的强有力措施。

五、猕猴桃 GAP 体系生产要求

猕猴桃 GAP 体系是猕猴桃产前、产中、产后直到其进入消费者手中全程质量监控的保障体系，包括猕猴桃标准体系、监控管理体系和检测技术体系。其中，猕猴桃标准体系和检测技术体系是作为猕猴桃生产过程的技术性支撑，而监控管理体系则是作为猕猴桃生产中的管理性支撑，要让三者相辅相成，就必须对猕猴桃的整个生产过程有非常深刻的了解。猕猴桃生产过程主要包括产前、产中和产后 3 个环节，产前包括品种选择、园地选择与栽植，产中包括土、肥、水等果园管理，以及病虫害防治、采收，产后就是采后处理。而对于废弃物、污染物处理，以及员工健康、安全、福利等则贯穿于猕猴桃的整个生产过程。

第二节　园址选择和建设中存在的问题

一、建园缺乏科学的规划

猕猴桃是典型阔叶植物，耐阴湿，怕强光、怕风、怕盐碱、怕冻害，叶片蒸腾失水比其他果树严重。因此，猕猴桃建园应满足猕猴桃的基本生态条件，不能在干旱少雨、风大、光照强的地区发展，一般应相对集中连片，远离污染源，特别是上风口不得有污染源，如水泥厂、砖瓦窑、石灰窑、冶炼企业、煤化工企业等，不得有有毒有害气体、烟尘、粉尘排放。绿色食品猕猴桃基地应该远离交通要道 100 米以上，基地大气、水、土壤应符合 NY/T 391—2021《绿色食品　产地环境质量》标准。目前，由于部分果农对猕猴桃缺乏认知，建园时存在以下问题。

（1）在盐碱地建园 陕西省周至县、眉县一带渭河滩地，土壤碱性较强，经常出现叶片发黄、缺铁严重的现象，这就是典型的建园选地不科学、盲目建园造成的不良后果。

（2）建园密度不科学 部分果农根据自家承包地建园，行距为2.5~3.0米和株距为1.5~3.0米的情况均有，没有根据猕猴桃标准化需要建园，行向混乱、行距设置不科学。存在行距偏小（普遍在3米以内）、不利于机械化作业，行向东西向、南北向均有，光照不良，产量不高的问题。

（3）园地选择不科学 部分果农错误认为，园地地势选择越低越保暖，冻害程度也越低，但忘记了，冷空气在低洼处最难移动，会导致冻害最重的道理。其中杨凌示范区揉谷镇权家寨某果农在低洼处建园，7年树龄，5年均发生冻害，基本上无收成。

二、苗木质量不高

猕猴桃苗木质量的好坏直接影响到建园质量的高低。目前，陕西武功县、扶风县一带的猕猴桃新区，存在猕猴桃根结线虫、猕猴桃溃疡病、猕猴桃根癌病等问题，大多是购买的苗木，缺乏检疫所致，也有些是因为果农经验不足，对苗木根系特性缺乏认知所致。同时，还存在猕猴桃雄株选配不当的问题，雌雄比例不合理，这一点我们需要向新西兰猕猴桃专家学习，他们的猕猴桃雌雄比例为1∶1，而我国多数猕猴桃园雌雄比例为（6~8）∶1，因此雄株不足，授粉不好。多数猕猴桃园采取人工授粉，授粉质量问题是目前我们应该重点解决的问题之一。

三、防灾减灾设施配套不到位

猕猴桃怕冻、怕涝、怕风、怕盐碱，虽然陕西周至县、眉县和河南西峡县等地生产猕猴桃近30年，但是每年都有秋雨、大风导致棚架倒塌的案例发生。近年来由于暖冬气候较多，春季晚霜危害时有发生，2018年4月6~7日全国大范围霜冻，造成河滩地猕猴桃冻害严重，地势高燥的秦岭北麓地区冻害反而轻。另外，气候多变时冰雹、暴雨造成的危害很多，轻者对叶片造成损伤，重者全园毁灭，这些自然灾害的发生都与我们防灾、减灾思想不到位有关。新西兰为了防治冻害，在果园周围安装风机吹走冷空气，减少自然灾害；建立全园一体大棚架及风障系统，防止暴雨、大风倒棚现象。另外，为了猕猴桃食品安全，选址远离工厂 1000 米以上，距医院、公路 100 米以上，远离污染企业，减少酸雨和风尘污染，也是我们主要关注的防灾减灾范围。因此，加强果园建设标准，提前做好防灾预案很重要。

第三节　提高建园效益的方法

一、科学选择园址

我国的猕猴桃部分自然分布于秦岭北麓，大部分分布于湖北、江西、湖南、贵州、河南南部等气候温润的南方地区，大风、干旱、冰雹、冻害高发的北方干旱地区不宜发展。因此，猕猴桃园地选择应从气候、环境、土壤等条件综合考虑。

1. 气候条件

选择满足年平均温度 10~18.5℃，1 月平均气温在-3.5℃以上，7 月平均气温 25~28℃，极端最高气温不超过 42℃，最低气温不低于-16℃，全年无霜期 210 天以上，生长期有效积温 4500~5200℃，平均降雨量 600~1200 毫米，平均日照时数 1850 小时以上地区种植猕猴桃。只有满足这些气候条件，猕猴桃才可以健康地生长。反之，猕猴桃会因为对气候条件的不适应，增加管理难度。一方面会造成猕猴桃产量低而不稳，果品质量差。另一方面还会造成猕猴桃病虫害发生严重，增加果园用药量和用药次数，进而增加农药污染果品的概率。

2. 环境条件

园址地势平坦或低于 15 度的背风向阳或半阳坡，距公路干线 100 米以上，并在距园地 3000 米范围内没有排放灰尘和烟尘污染的工矿企业，环境条件应符合 NY/T 391—2021《绿色食品　产地环境质量》的规定，灌溉水质应符合 GB 5084—2021《农田灌溉水质标准》的规定。风大的地区，要在园地上风口栽植防风林。

3. 土壤条件

猕猴桃虽然具有一定的耐旱、耐寒、耐瘠薄等抗性，但作为一个产业，必须将猕猴桃园建在最适宜猕猴桃生长的土壤中。应选择土层深厚、土质疏松肥沃、透气性好、pH 为 5~6.6、耕层土壤有机质含量达到 1.0%以上、地下水位在 1 米以下的地块作为园地，应符合 GB 15618—2018《土壤环境质量　农用地土壤污染风险管控标准(试行)》的规定。土壤黏性过重或沙砾过大的地块，要分别采用掺沙或掺黏土来增施有机肥的方法进行改良。另外，猕猴桃对水分需求较多，果实运输也相对困难，一般应选择在灌溉方便、交通便利的城市近郊地方建园，有利于猕猴桃运销。

二、合理规划果园

园址选好后要进行规划，综合考虑配置田间工作房屋、办公室、田间作业道路、灌溉系统、排水系统，园地两端还应留出田间工作机械的操作通道等。

首先根据地形和面积划分成小区，小区间以道路隔开。大规模的果园道路分主路、干路和支路，主路宽 6 米，干路宽 4 米，支路宽 2 米。道路设置应便于园内管理作业和运输。一般平原地每 10 亩左右划为一个小区，以长方形为宜，地形复杂的山地、丘陵等可根据地形适当减小小区面积，小区长边与等高线平行。

灌水系统可与道路配套进行。为节省用水，有条件的地方可采用微喷灌、滴灌或涌灌等方式，以保证猕猴桃生长对水分的需求。土质黏重多雨地区，需建立果园排水系统，由集水沟和总排水沟组成。各级排水渠道须有一定的比降，集水沟和排水沟均按 0.1%~0.3%的比降设计，但水流方向与渠灌系统相反，并且使各级排水渠道互通。

山地果园排水系统的设置，应有利于减少地表径流造成的土壤和肥力的流失。多风及栽植不抗风品种（如海沃德）的果园，在规划时要在迎风的一面设置防护林，防止大风对猕猴桃的危害，以保证其正常生长，同时在花期还可为蜜蜂活动创造良好的环境条件以利于授粉受精；防护林的树种，要求其生长快、寿命长、没有与猕猴桃相同的病虫害、耐寒并有一定的经济利用价值，种植时要考虑乔木与灌木树种相混杂，落叶与常绿树种相混杂。

三、土地平整及改良

土地平整及改良是建设高质量果园不可缺少的内容之一。过去，我国很多产区猕猴桃低产园和小老树普遍存在，除栽培管理粗放外，建园质量差，特别是水土保持措施不力，导致水土流失冲刷严重也是存在低产园的重要原因之一。比如，选择的园地土壤黏重、土层瘠薄，改造措施不彻底，园区容易积水，导致猕猴桃根系生长受阻，根腐病严重等。近 10 年来，土壤改良的措施和水土保持工程得到了很大的改进，如在丘陵山地建园时，普遍采用修筑等高梯田，即根据地形和猕猴桃树的行距和架式，把山坡的斜面等高线筑成一层一层的梯田台地。实行坡地梯田化不仅是丘陵山地猕猴桃园一项十分重要的基本建设，也是当前果园水土保持工程中的主要措施；在平地水稻田建园时，通常全面平整土地，采用全园深翻，深施有机肥，起高垄栽培，改良土壤质地和透气性，改善园区排水状况。

目前，根据不同的地形和土质常采取两种改土方式，即全园深翻和开槽。对于黏性重的土壤，在全园深翻或开槽回填时常采取客土的方法，以增加土壤的排水性，即在黏性土中掺河沙或沙砾土等透水性强的土壤，使土壤达到暴雨不积水、没有泥泞，雨停即可进行土壤管理的程度，即达到透水系数为 0.001 米/秒。其次，开设通气暗沟并提升垄高，抑制地下水位上升，确保有效土层至少达到 40 厘米，每条暗沟的两端与小区的排水沟（围沟）相连，并在离排水沟 1~1.5 米处设一闸门，便于灌溉。同时，在每条暗沟离排水沟 3~5 米处，最好做一个垂直向上高于地表的通道，即气室，有利于土壤通气。对于透气性很好但保肥保水性差的粗砾砂土等，主要采取抽槽深施粗有机材料的方式，掺加有机质丰富、黏性较重的腐殖质土，增加土壤的保肥保水性。

四、栽植密度及授粉树搭配

1. 栽植密度

栽植的株行距要根据品种的生长势、土壤肥力、架式、栽培管理水平和机械化程度而定。若猕猴桃品种生长势强、土壤肥力好、机械化作业程度高，并采用棚架的果园，定植一定要采取宽行距，利于机械化作业。树势较弱的品种株行距宜为 4 米×(2~3) 米，每亩栽植 55~83 株；树势较强的品种株行距宜为 (4~5)米×3 米，每亩栽植 44~55 株。为了便于机械化管理，行距不能小于 4 米。为了早期产量，也可实行计划密植，即行距 4 米、株距 1.5 米，采取先密后稀的方法有计划地密植。

2. 授粉树搭配

猕猴桃是雌雄异株，只有配植雄性植株，雌性植株才能良好地受精结果，因此建园时必须定植配套授粉雄株。用作授粉树的雄株，其花期应与雌株的花期一致，一般要求雄株的盛花期比雌株早 1~2 天或花期相遇，若雄株的花期长则更理想；还要求雄株的生长势强、花量多并且与雌株的亲和力强，授粉效果才好。生产园内雌雄株的比例一般是 (6~8)∶1，这样既能保证授粉效果又不至于降低生产能力。提倡在水泥桩旁栽雄株，雄株主干逆时针绕桩而上，花后重截，严格控制树冠，使雌雄比为 2∶1，实现充分授粉。近年来，新西兰在推广雌雄比为 1∶1，即 1 行雌株、1 行雄株，雄株开完花后将花枝全部回缩至主蔓两侧，培养中短开花母枝，少占空间，利于雌株生产优质果。

五、架式的建造

1. “T” 型架

沿行向每隔 5~6 米栽植 1 个立柱，立柱以 10 厘米×10 厘米×250 厘米的水泥柱为宜，地下部分长 70 厘米，地上部分长 180 厘米；横梁长 2 米，横梁上顺行架设 5 道直径为 2.5 毫米的镀锌钢丝，在每行末端的立柱外 2.0 米处埋设一地锚拉线，地锚体积不小于 0.06 米^3，埋设深度在 100 厘米以上。

2. 大棚架

立柱的规格及栽植密度同“T”型架，顺横行在立柱顶端架设钢绞线或不锈钢管，在钢绞线或不锈钢管上每隔50~60厘米顺行架设1道直径为2.5毫米的镀锌钢丝，在每竖行末端的立柱外2米处埋设一地锚接线，埋设规格及深度同“T”型架。

六、防灾减灾设施建设

猕猴桃最怕风害。春季刮大风，易刮断嫩梢，损坏芽叶；初夏干热风易使叶枯焦，果实受伤；秋季大风，常使枝条折断，果实相互摩擦，果面受损及造成落果等，影响商品率和产量。因此，在有台风、干热风的地区建园，必须设置防风林。

1. 防风林的树种选择

防风林的树种选择要因地因树制宜，首要条件是不可选用同猕猴桃共生病虫害的树种，应选用能在当地生长良好的高大、速生、根深、寿命长、枝叶繁茂、抗逆性强（抗旱、抗涝、抗风）的常绿或落叶树种。比较适宜的常用树种有：蜀桧、河南桧、铅笔柏、竹类、冬青、女贞、塔柏，以及柳杉水杉等杉树。防风林外围篱可采用枳、火棘等灌木。

2. 防风林的配置

据研究，防风林的保护效果与林带的高低成正比，在一般风力的情况下，防风林保护范围等于防风林树高的25~30倍，以距林带10~15倍地带的效果最好，迎风面保护范围约为树高的5倍。因此，防风林主林带树种的配置方式，应以高大速生树种在迎风的东北、西北、北面栽植为主，使主林带在果园最挡风的位置，即主林带设于迎风方向，山地则设在山背分水岭上及果园边沿地带。

（1）树种选择 宜选适应当地条件并与猕猴桃没有相同病虫害的树种，如杉木、木荷等。

（2）林带的营造 猕猴桃怕风，建园时一定要考虑防风林的建设，防风林分主防护林和副防护林。主防护林一般栽植于果园北面及西环山沟外，以深根性常绿树为主，距猕猴桃栽植行6米左右栽植2

排，行距 1~1.5 米，株距 1 米，以对角线方式栽植；副防护林一般栽植于果园东南面环山沟外和果园主干道两侧，宜选用冬青、桂花等常绿小乔木或灌木。

【提示】

目前，猕猴桃园主多数为小农户，多数地方没有建造防护林，遇到春季大风，海沃德、翠香等品种极易受到伤害。因此，建议大型基地设计一定要考虑防护林建设问题，为猕猴桃创造一个温暖舒适的生产环境，这是省力化、高效化管理果园的基础环节之一。

3. 防霜设施

想要猕猴桃防霜冻，关键要选好建园地势，应选择地势高燥、通风良好的地域建园。另外，电力设施方便的地方，可在果园周围安装强力电风扇，一旦遭遇到低温，可开通电风扇，加强通风，将冷空气吹走，延缓冻害发生。

七、苗木定植

苗木定植时，要根据品种、园地条件、架式、气候条件等因素合理选择苗木、定植时间和定植方法。

1. 选择健壮苗

无论自繁苗木还是从外地调运苗木，都必须进行认真检疫，防止检疫对象在园内传播、蔓延，如猕猴桃溃疡病、根结线虫等都属于检疫对象。凡有检疫对象的一律烧毁，禁止栽培，这是防治猕猴桃病虫害、减少使用农药、促进猕猴桃 GAP 生产的有效途径。

2. 定植时间

猕猴桃的定植时间应根据各地气候条件而定。长江以北地区一般都在落叶后至萌芽前进行，这时苗木处于休眠状态，体内贮藏养分较多，蒸腾量很小，根系容易恢复，所以成活率较高。长江以南地区，冬季较为温暖，以秋栽为好，有利于根系恢复和伤口愈合，缓苗期短，第 2 年春季萌芽早，抽梢快，生长旺。具体定植时间，就产地情况而定。没有霜冻的地区宜春栽，一般在2月下旬~3月上中旬，即在萌芽前半个月左右为宜。定植过早常因严寒冰冻，造成猕猴桃根冻害；定植过迟已萌发，会影响成活和苗木生长。

3. 定植方法

按照规划测出定植点，开挖60~80厘米见方的定植穴，每穴施入农家肥或市购的有机肥40~50千克，与土壤充分混合后回填踏实，放苗栽植。苗木在穴内的放置深度宜为穴内土壤充分下沉后，根颈部与地面持平或略高于地面3~5厘米。栽植后灌1次透水。农家肥必须进行充分腐熟和无害化处理，市购的有机肥应通过有机认证机构许可。禁止使用化学合成或含有转基因及其衍生物的肥料。

4. 植后管理

（1）定干 新植苗选留2~4个饱满芽剪截定干。

（2）除萌 发芽后，每株留1个生长势强的新梢作为主干，抹除其余芽及基部萌芽，及时立支杆，绑缚主蔓。

（3）遮阴 猕猴桃苗适当遮阴，防止日灼。

（4）施肥 抽梢10厘米左右时，结合抗旱施1次稀粪水。

（5）浇水 视旱情及时浇水。早晨新梢有露水，新梢呈镰刀弯时，可不浇水；如果早晨露水少，新梢直立生长，就要浇水。

第四章
猕猴桃园 GAP 土肥水管理

第一节　土肥水管理过程中存在的问题

一、化肥过量，有机肥投入严重不足

猕猴桃是一种多年生的藤本果树，其经济寿命可以达到几十年以上，在其营养生长、生殖生长过程中需要吸收大量的养分，如果土壤养分补充不合理，就不能保证树体高产、稳产和优质，由于土壤养分供给不平衡，进而影响果树根系及树体生长。然而，一些生产者在给猕猴桃施肥的过程中，由于对猕猴桃的专业知识接受程度较低，对猕猴桃生长时的需肥规律认识模糊，盲目根据经验或者效仿他人使用化肥，不注重有机肥投入，结果导致大量元素肥料使用过量，中微量元素供给不足，土壤营养元素不平衡，有机质含量低。纵观新西兰、日本、意大利等国家的猕猴桃生产，均以施用有机肥为主进行生产，每亩化肥使用量为 50~150 千克。我国猕猴桃平均每亩化肥使用量为 300~500 千克，严重过量，导致猕猴桃根系生长不良，肥害严重，果实风味偏淡，猕猴桃黄化病、溃疡病、根腐病等一些生理病害普遍发生，最终影响猕猴桃产量、质量和效益，这也是猕猴桃经济效益下降的主要原因。

二、果园生草少，土壤免疫力低下

果园生草已作为果园管理的重要措施之一，在世界上许多国家和地区得到普遍应用。欧美国家、日本果园生草在落叶果树中是土壤管理的主要方式。1998 年我国已将果园生草栽培列为生态果园建设的推广项目。中国绿色食品发展中心于1998年将果园生草制作为绿色果品生产技术体系在全国进行推广，但目前猕猴桃果园生草依然处于小面积应用阶段，大部分果园土壤管理仍沿用清耕法，长期清耕导致土壤结构被破坏，土壤有机质及各种养分加速消耗进而含量逐年降低。土壤中蚯蚓、微生物发展不平衡，土壤免疫力低下，虽然短期看来清耕法有一定效果，但从长期效果看来清耕已不再适应生产的需求，违背了生态农业、可持续发展农业的理念。

三、微生物、营养元素与酸碱度不平衡

1. 土壤微生物群遭到破坏

土壤生态系统中的土壤微生物占有很重要的地位，不仅可以影响植物营养元素的活性，更是土壤有机质转换的具体执行者。我国耕地受农药和化肥等污染严重，对土壤微生物群落造成很大影响。一方面，长期使用氮肥使土壤中碳氮比失调，土壤微生物向腐殖质中寻求碳源和其他营养，使腐殖质分解从而造成土壤板结，理化性质变劣，致使土壤中微生物种群遭到破坏。硫酸铵、氯化铵等生理酸性肥料使用过多，会改变土壤的化学性质，随着土壤化学性质的改变，土壤微生物的区系也随之改变，如纤维素分解细菌的减少，可使土壤中有机质难以腐烂等。氮肥使用不当还会促使土壤中有益微生物种群遭到破坏，土壤中病原菌数量增多，生活力增强，最终导致土传病害大量发生。另一方面，农药对农业土壤微生物的破坏也十分严重。由于有些农民环保意识差，农药使用不当，在使用技术上单纯追求杀虫、杀菌、杀草效果，擅自提高农药使用浓度，甚至提高到规定浓度的两三倍，使得土壤农药残留量增加，导致土壤微生物的死亡。

2. 营养元素不平衡

耕地开垦年限比较长，农民只注重既得利益，缺乏长远规划。重化肥轻农肥，有机肥投入少，甚至几十年不施有机肥，只用不养，进行掠夺性生产，施肥结构不合理，肥料施用不科学，造成土壤养分下降、营养元素失衡、土壤板结、地力退化等一系列问题。

（1）有机肥投入少、质量差 目前，农业生产中普遍存在重化

肥轻农肥的现象，过去传统的积肥方法已不复存在。由于农村农业机械化的普及提高，有机肥源相对集中在少量养殖户家中，这势必造成农肥施用的不均衡和施用总量的不足。在农肥的积造上，由于没有专门的场地，农肥积造过程基本上是露天存放，风吹雨淋造成养分的流失，使有效养分降低，影响有机肥的施用效果，造成土壤有机质含量下降。

（2）化肥使用比例不合理 大部分农民不是根据作物的需肥规律和土壤的供肥性能进行科学合理施肥，而是盲目施肥，造成施肥量偏高或不足，影响产量水平的发挥。有些农民为了省工省时，没有从耕地土壤的实际情况出发，采取一次性施肥、不追肥，这样对保水保肥条件不好的瘠薄性地块，容易造成养分流失和脱肥现象，抑制作物产量。尤其是只注重氮磷肥的投入，忽视钾肥的投入，造成土壤碱解氮、有效磷含量上升、速效钾含量下降，钾素成为目前限制猕猴桃产量的主要因子。

3. 土壤酸碱度不平衡

土壤 pH 是土壤肥力的重要因素之一，是评价土壤各种反应的一个重要指标。它不仅影响土壤有效养分含量，也直接影响树体根系对养分的吸收。在自然界中，猕猴桃主要分布在酸性、微酸性土壤地区，pH 多为 5.5~6.5。综合各地的生长结果表现，一般认为 pH 为 5.5~7.5 的土壤比较适合栽培猕猴桃。我国北方地区土壤 pH 整体偏高，土壤呈碱性，在果园的化肥施用上，应注意选用酸性肥料或生理酸性肥料；有条件的果园可结合秋施基肥，施用 1 次农用硫黄粉 1500 千克/公顷；在猕猴桃生长期内，每次结合灌水冲施 EM 菌原液 45~75 千克/公顷，有黄化树的果园可同时补充 1~2 次铁肥（EDDHA-Fe），每次 7.5~15 千克/公顷。总之，应采取综合措施，适度降低土壤 pH，为猕猴桃生产创造良好的酸碱环境。

四、适量灌溉缺乏技术支撑

我国是一个农业大国，农业灌溉用水量占我国水资源总使用量的比例相当庞大，水资源短缺已是我国的一个自然特征。在农业生产中应用节水灌溉技术是农业发展的关键。目前，我国节水灌溉技术已得到一定程度的推广和应用。无论是滴灌、喷灌还是步行式灌溉技术，都可在一定程度上解决水资源短缺的问题。然而，我国一般都是小型的农田，大多数农村保持着“一家一户”的经营方式，因为资金等问题小型农田的基础设施跟不上、设施不齐全，这种情况使农业节水灌溉技术的推广出现障碍。要想实现低成本高效益的种植成果，需要标准化生产作为保障。但是，由于农业生产标准化程度不一，同时不同作物对不同的技术设施要求不同，节水灌溉技术在推广中出现巨大困难，农户对节水灌溉技术就难以产生兴趣。各种作物的灌溉方式不同，滴灌设施却是需要统一标准的，因此出现“矛盾”现象。

五、水肥一体化缺乏标准支撑

我国是肥料生产的大国，也是肥料的消费大国。由于肥料种类不合理、施肥技术不恰当等因素导致我国的肥料利用率较低，同时造成土壤结构发生改变，土壤盐碱化导致肥力下降，相应果实品质就会下降。水肥问题已演变为我国果业发展和果品质量安全的重要限制因素。水肥一体化技术综合了水利、灌溉、施肥、栽培、土壤等众多学科知识，高标准的水肥一体化需要对不同作物和不同区域适宜的土壤墒情技术参数、滴灌技术参数、施肥技术参数有足够的研究，在此基础上才能依据各种作物的需水需肥规律，建立各种作物的灌溉施肥制度，形成完整的水肥一体化技术体系。但目前技术与产品结合不够紧密，有些地方只注重灌溉施肥设备配置，忽略了灌溉施肥制度优化及栽培措施的配套研究。由于学科之间的相对独立，设备生产厂家重视管道设计和设备安装，轻视肥料选择和栽培学研究；农业技术人员具有丰富的栽培施肥经验但缺乏农田工程设计等专业知识，综合型技术人才缺乏。此外，水肥一体化技术是对传统灌溉施肥方式的变革，传统的灌溉施肥制度、栽培方式及其他农艺措施等不够适用，因此需要依据不同作物的需求，提出合理的水肥配合比和生产要素组合，确定灌水次数、灌水定额、灌水周期、最佳灌水时期等，建立经济高效的水肥耦合理论模式。显然，目前我国在这一方面的研究比较缺乏。

第二节　果园土壤管理的方法

一、推广果园生草

果园生草指的是在果园内树盘以外的地方进行生草。该技术措施能够提高土壤有机质含量，改良土壤结构，减少水土流失，改善果园局域生态环境。生草和刈割合理配合，还可以有效控制自然降水，做到雨季不涝、旱季不干。应选择根系浅、须根发达、茎秆低的豆科、禾本科牧草或绿肥作物，如白车轴草、红车轴草、长柔毛野豌豆、扁豆、黑麦草、燕麦草等。一个果园内，可种单一草种，也可多种混种。

果园生草后，短期内会增加对肥料的需求。除正常的果树施肥外，在草的旺盛生长季还要对草进行追肥，一般以撒施为主。草要定期刈割，多在花期进行，此时草的茎内养分含量最高，用于果园覆盖或饲喂牲畜最好。还可以根据降水情况来安排，一般旱季时刈割，防止草与果树争夺水分；雨季时不刈割，任其生长，以吸收多余的降水，减少涝渍的发生，也在一定程度上起到贮水的作用。

二、采用树行覆盖

树行覆盖是指在果园地面覆盖干草，可有效提高土壤有机质含量，改良土壤结构，增加土壤微生物菌群，保持土壤水分，降低地面温度的变化幅度，并控制水土流失。覆盖的材料可以是农作物秸秆、籽壳，刈割的绿肥、牧草，农产品加工的残渣等。全年均可进行，可以根据材料、劳动力的情况灵活安排。

覆盖前要中耕、施肥、灌水。覆盖时，要求厚度达到 10 厘米左右，过薄起不到太好的作用，过厚会引起土壤通透性不良。树干基部 20 厘米范围内不能覆盖，主要是为了防止鼠、兔等对根颈的危害。覆盖后，每隔 1~2 米在草上压土，以防风、防火。

三、开展生态种植

果园开展生草养蚓、以蚓肥土生态种植。蚯蚓是增强土壤有机质的最重要的动物，每年通过蚯蚓体内的土壤每公顷约有 37500 千克干重。这些土壤中的有机质可作为它们的食料，而且矿物质成分也受到蚯蚓体内的机械研磨和各种消化酶类的生物化学作用而发生变化。

蚯蚓粪不仅仅是蚯蚓的代谢废弃物，其中含有的有机质、全氮、硝态氮、代换性钙和镁、有效态磷和钾、盐基饱和度及阳离子代换量都明显高于一般土壤，在促进作物生长、提高产量、抑制作物病害和改善土壤肥力等方面均有重要作用，是有机肥之王。蚯蚓排泄的粪是有规则的长圆形、卵圆形的团粒，这种结构具有疏松、绵软、孔隙多、水稳性强、有效养分多并能保水保肥的特点。

蚯蚓的穿行活动可显著增强土壤的通气透水性，并将作为食物的叶片、植株搬运到土壤的深层，与土壤混合，更加速了土壤有机质的分解转化，促进土壤结构的形成。

【提示】

蚯蚓的数量往往可以作为评定土壤肥力的因素之一，大量的蚯蚓是高度肥沃土壤的标志。

第三节　施肥管理技术

一、优化施肥制度

“有机肥+微生物肥+配方肥”的施肥制度，是通过测土配方施肥技术，根据猕猴桃需肥规律和土壤供肥特性，制定猕猴桃周年施肥方案。增加有机肥和生物肥用量，有机肥主要施用商品有机肥或畜禽粪便，生物肥主要使用商品生物菌剂或菌肥，提高果园土壤有机质含量和微生物数量，增强土壤的保水保肥能力，从而达到改土培肥的目的。因此，化肥与有机肥、生物菌肥配合施用的效果要好于单独施用。

二、施肥原则

严格遵循 NY/T 394—2021《绿色食品　肥料使用准则》。A 级绿色果品限量、限品种允许使用少量化学合成肥料如尿素、磷酸二铵、硫酸钾等肥料，禁止使用未经无害化处理的城市生活垃圾和污泥，禁止使用未腐熟的人粪尿、饼肥、厩肥等有机肥及硝态氮肥。AA 级绿色果品禁止使用任何化学合成肥料，禁止医院的粪便垃圾和含有害物质（如毒气、病原微生物，重金属等）的工业垃圾。化学肥料必须与有机肥配合施用，有机氮与无机氮之比不超过 1∶1。

三、猕猴桃需肥特性

猕猴桃的根系分布范围因繁殖方式不同而不同，但其根群集中分布在 50 厘米以内。猕猴桃需肥量较多，每生产 1000 千克鲜果需要吸收氮（N）1.84 千克、磷（P_2O_5）0.24 千克、钾（K_2O）3.2 千克、钙（CaO）0.32 千克、镁（MgO）0.16 千克、硫（S）0.2 千克。猕猴桃对各类无机营养元素的需要量较大，而且从萌芽以后，叶片展开、叶面积扩大、开花、果实发育等不同时期，对各种营养元素的吸收量也有差异。根据新西兰有关叶片分析的资料表明，春季萌芽至坐果期，叶片中氮、钾、锌、铜的积累量为全年总量的 80%以上。磷、硫的吸收也主要在春季，钙、镁、铁和锰的积累在整个生长季节是基本一致的。猕猴桃坐果以后，钾、氮、磷等营养元素已逐渐从营养器官向果实转移。

高产猕猴桃园的土壤养分含量为磷（P_2O_5）0.12%、钾（K_2O）3.39%、钙（CaO）0.86%、镁（MgO）0.75%、铁（Fe_2O_3）4.19%，土壤 pH 以 5.5~6.5 为宜。陕西猕猴桃产区，多数土壤 pH 为 7.5~8.2，土壤板结、通气性差，需要改良。

四、猕猴桃施肥技术

猕猴桃结果树一般每亩施氮（N）6.7~13.3 千克、磷（P_2O_5）4.0~10.7 千克、钾（K_2O）6.0~12.0 千克，具体施肥量因树龄、立地条件及生产水平而异。表 4-1 提供的不同树龄的猕猴桃氮、磷、钾施肥量仅供参考。

表 4-1　不同树龄的猕猴桃氮、磷、钾施肥量

（单位：千克/亩）

树龄	氮（N）	磷（P_2O_5）	钾（K_2O）
1 年生	2.1~2.7	1.3~2.1	1.9~2.4
2~3 年生	4.0~5.3	2.7~4.3	3.5~4.8
4~5 年生	6.0~8.0	4.0~6.4	5.2~6.7
6~7 年生	8.7~10.7	5.8~8.4	7.8~9.6
成年树	13.4	9.5~10.7	12

常见肥料种类及猕猴桃的施肥要求如下。

1. 常见肥料种类

肥料按照来源和成分主要分为有机肥、无机肥（化学肥料）和生物肥料。

（1）有机肥　传统有机肥主要包括人粪尿、厩肥、家畜粪尿、禽粪、堆沤肥、饼肥、绿肥等。有句俗语叫“生粪咬苗”，就是指直接施用未经腐解的有机肥料，通常会对农作物产生很大危害。将未经腐熟的粪肥直接施入土壤，在传播病虫害的同时，还会烧苗或烧根，造成土壤缺氧，延缓肥效。

（2）无机肥　常见的无机肥（化学肥料）主要有单质肥料、复合（混）肥料、缓控释肥料、水溶性肥料等。化学肥料相比有机肥，虽然养分单一，但肥效更快，长期不合理施用化学肥料会导致土壤出现酸化、板结、盐化等一系列问题。

1）单质肥料：主要有氮肥（如尿素）、磷肥（如过磷酸钙）、钾肥（如硫酸钾）、微量元素肥料（如硼肥）。

2）复合（混）肥料：指含有氮、磷、钾三要素中两种或两种以上的肥料。其中含两种主要营养元素的肥料称作二元复合肥料；含三种主要营养元素的肥料称为三元复合肥料；在复合肥料中添加一种或几种中、微量元素的称为多元复合肥料。复合肥料的有效成分一般用 $N\text{-}P_2O_5\text{-}K_2O$ 的相应百分含量表示，如市面上常见的复合肥料包装袋

上标明“15-15-15”，指该肥料是含氮（N）15%、含磷（P_2O_5）15%、含钾（K_2O）15%的三元复合肥。

3）缓控释肥料：是指肥料养分释放速率缓慢，释放期较长，在作物的整个生长期都可以满足作物生长需求的肥料。缓控释肥料是一种新型肥料，也被广大农户所接受。缓控释肥料可以大致分为 4 个类型：化学合成型缓控释肥料、抑制剂型缓控释肥料、包膜型缓控释肥料、包裹型缓控释肥料。

4）水溶性肥料：是一种可以完全溶解于水的多元复合肥料，能够迅速溶解于水中，更容易被作物吸收利用。它不仅可以含有作物所需的氮、磷、钾等全部营养元素，还可以含有腐殖酸、氨基酸、海藻酸、植物生长调节剂等，可应用于冲施、喷灌、滴灌，实现水肥一体化。

5）猕猴桃专用肥：是根据猕猴桃区域土壤状况和作物的需肥特点，将氮、磷、钾和中微量元素等营养元素进行科学配比，供该区域猕猴桃专门使用的肥料。

（3）生物肥料 生物肥料是人们利用土壤中的有益微生物制成的肥料。它本身不含作物所需的营养元素，而是通过肥料中微生物的生命活动，增加有效养分或分泌激素刺激作物生长、抑制有害微生物活动，因此施用生物肥料都有一定的增产效果。目前在农业生产中应用的生物肥料主要有三大类，即单一生物肥料、复合生物肥料和复混生物肥料。生物肥料施用方法比化学肥料、有机肥严格，有特定的施用要求；使用时要注意施用条件，严格按照产品使用说明书操作，否则难以获得良好的施用效果。

2. 肥料需求

（1）土壤要求 猕猴桃适应温暖较湿润的微酸性土壤，最怕黏重、强酸性或碱性、排水不良、过分干旱、瘠薄的土壤。因此，可采取改土培肥措施，改善土壤理化性状，为其生长创造最优生态环境。

（2）营养需求 猕猴桃生长旺盛，枝叶繁茂，结果多而早，每年要消耗大量的养分，而土壤中的有效养分难以满足其需求，应及时准确地掌握其需肥特性，做到科学施肥，经济用肥。

3. 施肥时期、数量及方法

按照有机肥与无机肥相结合，基肥与追肥相结合，大量元素为主、中微量元素为辅的原则进行。对于有土壤酸化趋势的果园，适量施用硅钙肥或石灰等酸性土壤调理剂。种植果园绿肥，实施果园秸秆覆盖，改善土壤结构。

（1）施肥时期

1）基肥：9 月底~10 月上中旬。

2）追肥：以速效肥为主。主要在 3 月中下旬施入以速效氮肥为主的萌芽肥，5 月底~6 月初施入以磷、钾肥为主的膨大肥，7 月中旬~8 月上旬施入以钾、钙肥为主的优果肥。

（2）施肥量 以果园树龄大小及结果量、土壤条件和需肥特性确定施肥量。肥料中氮、磷、钾的配合比例为 1∶（0.7~0.8）∶（0.8~0.9）。采用有机肥作为基肥时，遵循无机氮与有机氮之比不超过 1∶1 的原则施入（表 4-2）。

表 4-2 不同树龄的猕猴桃园参考施肥量

（单位：千克/亩）

树龄	年产量	年施用肥料总量			
		优质农家肥	化学肥料		
			纯氮	纯磷	纯钾
1 年生		500	4	2.8~3.2	3.2~3.6
2~3 年生		800	8	5.6~6.4	6.4~7.2
4~5 年生	1000	1000	12	8.4~9.6	9.6~10.8
6~7 年生	1500	1500	16	11.2~12.8	12.8~14.4
成年树	2000	2000	20	14~16	16~18

注：根据需要加入适量铁、钙、镁等其他元素肥料。

1）幼龄猕猴桃园（1~2 年生）：生长期以速效肥催苗为主，采用勤施少施、雨天撒施的方法。每年每株施尿素 50~100 克、复合肥 100~200 克。秋冬季施基肥，每亩施腐熟有机肥 1500~2000 千克、饼肥 80~120 千克、钙镁磷肥 100~120 千克。

2）初果期（3~4 年生）：每亩施基肥量分别为腐熟有机肥 1500~2000 千克、饼肥 80~120 千克、钙镁磷肥 100~120 千克；第一次追萌芽肥（3 月中下旬）为高氮复合肥每亩 10~15 千克；第二次追膨果肥（5 月下旬~6 月上旬）为高磷中氮低钾复合肥每亩 20~30 千克；第三次追优果肥（7 月中旬~8 月上旬）为低氮中磷高钾复合肥每亩 15~20 千克。

3）盛果期（5 年生以上）：每亩施基肥量分别为腐熟有机肥 1000~1500 千克、饼肥 160~200 千克、钙镁磷肥每亩 40~50 千克；第一次追萌芽肥（3 月中下旬）为尿素每亩 15~20 千克、复合肥每亩 20~30 千克；第二次追膨果肥（5 月下旬~6 月上旬）为高磷型复合肥每亩 20~30 千克；第三次追优果肥为高钾型复合肥每亩 15~20 千克。

（3）施肥方法

1）环状沟施肥：在树冠下距主干 30~40 厘米（幼树）或 50 厘米以上（成年树）挖 1 条环状沟，宽 30~50 厘米，深 20~40 厘米，把肥料施入环沟中，与土壤充分均匀混合后（液肥待稍干后）覆土。

2）条状沟施肥：在树冠下距主干 1 米左右两侧各挖 1 条宽 30 厘米、深 30~40 厘米的沟，施入肥料。

3）穴施：在树冠下距主干 1 米远处挖深 40 厘米、直径 40~50 厘米的穴，数量根据树冠大小和施肥量而定，将肥料施入。

4）逐年扩穴深施：猕猴桃移栽后，冬季进行扩穴，初栽时穴的直径为 50~60 厘米、深 30~40 厘米，以后逐年扩大，直到全园深翻。

5）叶面喷施：在上午 11:00 以前和下午 4:00 以后进行。花前以补充硼肥为主，果实膨大期以补充磷钾肥和钙肥为主。有针对性地补充钙、镁、硼、锌、铁等中微量元素，一般为磷酸二氢钾 0.3%~0.5%、硝酸钙 0.1%~0.3%、硫酸亚铁 0.2%~0.3%、硫酸锌 0.3%~0.5%、硼砂 0.1%~0.3%。

4. 水肥一体化技术

（1）简易水肥一体化施肥技术 简易水肥一体化是我国最常见的简单意义上的水肥一体化方式，它是指利用简易的果园喷药机械设备，包括三轮车、压力泵、配药罐等配合输送管道作为简易的水肥一体化设施。在果树树冠垂直投影外延附近的区域，施肥深度为 25 厘米左右。根据果树大小，每株树打 6~8 个追肥孔，每个孔施肥 5~8 秒，注入肥液 1.5~2 千克。注肥孔间距不小于 60 厘米，每株树追肥水 12.5~15 千克。

（2）滴灌水肥一体化施肥技术　滴灌是当前世界上干旱半干旱地区最有效的节水灌溉方式之一。滴灌水肥一体化施肥是指根据作物需水需肥规律，将灌水和肥料按照一定的比例混合形成溶液，通过架设的滴灌管道系统将水分和养分适量均匀的滴入作物根际土壤的节水施肥方法。

1）滴灌水肥一体化设施建设：根据种植园面积及地势科学架设滴灌系统，包括水泵、过滤器、水肥混合池、管道、压力表、阀门等，在田间布置主管、支管、滴灌管 3 级管道，其中主管、支管为地埋管道，每行猕猴桃铺设 1 根内镶式压力补偿滴灌管。

2）滴灌水肥一体化肥水管理：施肥时采用二次稀释法。首先用小桶将配方肥溶解，然后再倒入贮肥罐中，对于少量水不溶物，直接埋入果园，不要加入贮肥罐，加入配方肥进行稀释时要充分搅拌。

稀释时肥料与水的比例一般不高于 15%，高温季节不高于 10%。施肥前先抽清水冲洗管道，施肥后继续灌清水 10 分钟，将管道冲刷干净，以免积累残渣堵塞滴孔。每株树分有 4 个滴流管，每个滴流管每分钟出肥水 0.4 千克左右，施肥 15 分钟，确保每株树追施肥水 20 千克。幼龄猕猴桃以滴施速效氮肥为主，勤施薄施，少量多次，生长期隔 7~10 天施 1 次，以加快植株营养生长；后期则控氮增钾，促进枝条老熟。

（3）有机全营养施肥技术　西北农林科技大学植物营养专家提出了“猕猴桃有机全营养配方施肥技术”。简单来说，有机全营养配方施肥，就是施用活性腐殖酸肥料，重视补充微量元素肥料，适当提高养分供应量，来提高产量和改善作物品质。有机全营养配方施肥施用的肥料品种为：腐殖酸有机肥（固体）、腐殖酸冲施肥（液体）、腐殖酸有机氮、腐殖酸有机磷酸、腐殖酸钾、腐殖酸螯合微肥。

1）施肥配方：采用腐殖酸有机肥（固体）+腐殖酸螯合微肥进行配方施肥。

2）施肥方式：基肥采用环状深沟施肥法，即在树冠投影下，挖1条环状沟，深40~60厘米，宽30~40厘米；追肥采用条状沟施肥法，即在行间或株间挖2条宽35~40厘米、深30~35厘米的长条形沟，施肥后覆土。

五、主要营养元素的作用及缺素症补救

1. 主要营养元素作用

猕猴桃除需9种大量元素碳（C）、氢（H）、氧（O）、氮（N）、磷（P）、钾（K）、钙（Ca）、镁（Mg）、硫（S）外，还需7种微量元素锌（Zn）、铁（Fe）、硼（B）、锰（Mn）、氯（Cl）、铜（Cu）、钼（Mo），这16种物质是猕猴桃生长发育必需的营养元素。其中碳、氢、氧从空气和水中摄取，其余元素均从土壤中吸收。

（1）碳、氢、氧素营养 进行光合作用时用碳、氢、氧制造碳水化合物——糖类，再将糖类进一步形成复杂的淀粉、纤维，以及转化为蛋白质、脂肪等重要化合物。

（2）氮素营养 氮能促进植株营养生长，延迟树体衰老，提高叶片光合作用，增强细胞分生组织的生命力，也是蛋白质、叶绿素、酶和氨基酸、维生素、生物碱等物质的组成成分。适量的氮，有利于根、枝叶的生长，并能提高坐果率，促进花芽分化。

（3）磷素营养 磷是核酸和核苷酸的组成部分，是组成原生质和细胞核的主要成分。磷能提高猕猴桃的生命力，促进花芽分化、果实发育和种子成熟，增进果实品质，促进根系扩展及抗旱、抗寒能力，还可提高根系的吸收能力，促进新根的生长。如果没有磷，作物全部代谢活动就不能正常进行。

（4）钾素营养 钾能提高光合作用的强度，适量的钾素可促进猕猴桃果实膨大和成熟，显著提高果实硬度及糖、淀粉与维生素C的含量，降低果实含酸量，提高果实的品质和耐贮性，并能减少失水，还可促进枝蔓的加粗生长和组织成熟，增强树体的抗逆性。对红

肉类型猕猴桃而言，钾素能促进果实花青素的形成，增进着色和风味品质。猕猴桃对钾素需求较高，钾素不足时，会引起碳水化合物和氮的代谢紊乱，使叶片和果实变小。

（5）钙素营养 钙在猕猴桃体内起着平衡生理的作用。钙在细胞壁的构成中起重要作用，能调节光合作用，与细胞膜的稳定性、渗透性密切相关。适量的钙可延迟果实衰老，提高果实硬度，增强果实的耐贮性，增强抗病能力，降低水分蒸发。但钙量过大会对维生素 C 有损失。

（6）镁素营养 镁是叶绿素和植酸盐的成分，能调节光合作用和水合作用，适量的镁可促进果实膨大，增进品质。缺镁时，叶绿素不能形成，呈失绿症。

（7）硫素营养 硫为多种氨基酸和酶的组成成分，与碳水化合物和蛋白质的代谢有密切关系。维生素 B_1 分子中的硫，可促进根系的生长。

（8）硼素营养 硼能促进猕猴桃花芽分化和花粉管生长，并对子房的发育也有作用。适量的硼能提高果实中维生素和糖的含量，增进品质，还能促进根系发育，增强吸收能力。

（9）铁素营养 铁参与作物的基本代谢，也是许多酶的组成成分，在蛋白质的合成、叶绿素的形成、光合作用等生理生化过程中起着重要作用。

（10）锰素营养 锰是酶的活化剂，与光合作用、呼吸作用及硝酸还原作用关系密切。适量的锰可以提高维生素 C 的含量，使猕猴桃各种生理过程正常进行。

（11）锌素营养 锌与一些激素合成有关，影响光合作用、呼吸作用，与叶绿素和碳水化合物的形成及运转有关，提高猕猴桃树体抗逆性。锌也是多种酶的组成成分。

（12）氯素营养 氯在叶绿体内光合反应中起辅酶的作用，因此，氯元素与光合作用及水合作用关系密切。

（13）钼素营养 钼在氮素代谢中有着重要作用，它是硝酸还原酶的组成成分，参与硝酸态氮的还原过程。

（14）铜素营养 铜是体内氧化酶的组成成分，在催化氧化还原反应方面起重要作用，能促进叶绿素的形成，防止叶绿素破坏，还能提高猕猴桃树体对真菌性病害的抵抗力。

2. 缺素症状及其补救方法

猕猴桃在生长过程中如果缺乏营养元素，将会导致各种各样的问题。

（1）缺氮

【症状】 猕猴桃健康新叶中的氮含量为 2.2%~2.8%，当氮含量下降至 1.5%时，就会呈现缺氮症状。症状首先在老叶上表现，进而扩展到上部幼嫩叶上。叶片颜色从深绿色变为浅绿色，甚至完全变黄，但叶脉仍保持绿色。老叶顶端边缘呈焦枯状，并沿叶脉向基部扩展，坏死组织部分微向上卷曲，有时也伴随出现果实变小现象（彩图 17）。

【防治措施】 定植时及每年秋冬季施足基肥。5 月底~7 月追施 2 次氮肥，每次每亩均需追施有效氮 65~70 千克。也可在生长中期叶面喷施 0.3%~0.5%的尿素溶液或 0.1%~0.3%的硝酸铵溶液 2~3 次，每次间隔 7 天。此外，种植绿肥也是补氮的好方法。

（2）缺磷

【症状】 猕猴桃健康叶片中的磷含量为 0.18%~0.22%，当磷含量低于 0.12%时，就会呈现缺磷症状。首先从老叶开始出现浅绿色的脉间褪绿，从顶端向叶柄基部扩展。叶片正面逐渐呈紫红色，背面的主、侧脉变红，并向基部逐渐变深，健康叶片下面的中脉和主脉保持浅绿色（彩图 18）。

【防治措施】 落花后 15 天至采果前 40 天，用过磷酸钙或钙镁磷肥与 10~15 倍腐熟有机肥混合作为基肥，开沟施入地下后漫灌。也可在生长期叶面喷施 0.2%~0.3%的磷酸二氢钾溶液，或用 1%~3%的过磷酸钙结合喷药作为根外追肥，一般施用 2~3 次。保证磷肥最低施用量，每年每公顷应施磷肥（P_2O_5）不低于 56 千克。

（3）缺钾

【症状】 猕猴桃健康叶片中的钾含量为 1.8%~2.5%，若下降到

1.5%以下，就会出现缺钾症状。缺钾的第一症状就是萌芽期生长较弱，严重时叶小、呈暗黄绿色，老叶叶缘轻度失绿，向上卷曲，呈萎蔫状（尤其在白天高温时段表现比较突出，夜间症状消失，常被误认为缺水）。后期，叶片永久卷曲，细脉间叶肉组织常向上隆起，最初叶缘褪为浅绿色，逐渐向脉间和侧脉扩展，在近主脉处和叶基部留1条带状绿色组织。褪绿组织很快变枯，由浅绿色变成深褐色，最后呈日灼状焦枯，叶片呈撕碎状，易脱落。严重缺钾时，可使植株在果实成熟前落叶，但果实仍可以牢牢吊在枝蔓上，同时果实的数量和大小都受到影响，引起严重减产（彩图19）。

【防治措施】 早期可施用氯化钾进行补充，每亩用量15~20千克，或施用硝酸钾、硫酸钾其中的一种，也可叶面喷施0.3%~0.5%的硫酸钾或0.2%~0.3%的磷酸二氢钾或10%的草木灰浸出液等。

（4）缺钙

【症状】 猕猴桃对缺钙不太敏感，其健康叶片中的钙含量为3%~3.5%，只有当幼叶中含钙量低于0.2%时才呈现缺钙症状。症状多见于刚成熟的叶片，并逐渐向幼叶扩展。起初，叶基部叶脉颜色暗淡、坏死，逐渐形成坏死组织斑块，然后干枯、脱落，枝梢死亡。萌发新芽展开慢，新芽粗糙。缺钙也会影响猕猴桃根系的发育，严重时植株根系发育差，并在某些情况下出现死亡（彩图20）。

【防治措施】 增施有机肥，改良土壤，早春注意浇水，雨季及时排水，适时适量施用氮肥，促进植株对钙的吸收。也可在生长期叶面喷施0.3%~0.5%的硝酸钙溶液，15天左右喷1次，连喷3~4次，最后一次应在采果前21天为宜。

（5）缺镁

【症状】 猕猴桃健康叶片中的镁含量为0.3%~0.4%，但新形成的叶片中镁含量低于0.1%时就会出现缺镁症状。缺镁一般在植株生长中期出现，先在老叶的叶脉间出现浅黄色失绿症状，失绿常起自叶缘并向叶脉扩展，趋向中脉。初期不会导致叶片组织坏死，随缺镁程度的进一步加重，褪绿部分枯萎，叶缘或叶脉组织坏死，且坏死组织离叶缘有一定距离并与叶缘平行呈“马蹄”形分布，病健部分界明显。幼叶不出现症状。

【防治措施】 轻度缺镁的果园，可在 6~7 月叶面喷施 1%~2% 的硫酸镁溶液 2~3 次；缺镁较重的果园，可把硫酸镁混入有机肥中根施，每亩施硫酸镁 1~1.5 千克。

（6）缺铁

【症状】 猕猴桃健康叶片中的铁含量为 80~200 微克/克，当含量低于 60 微克/克时即表现缺铁症状。铁在植物体内是不易移动的元素，缺铁时首先是植株顶端幼叶叶脉间失绿，逐渐变成浅黄色和黄白色，而叶脉保持绿色，形成网状。严重时，整个叶片、新梢和老叶的叶缘失绿，叶片变薄，容易脱落。植株生长停滞，显得矮小，逐渐死亡（彩图 21）。

【防治措施】 缺铁的原因有很多，土壤 pH 超过 7 的地方容易出现缺铁症状，连续下雨后也易出现缺铁症状。因此，防治时要对症下药。对 pH 过高的果园，矫治时可施硫酸亚铁、硫黄粉、硫酸铝或硫酸铵，以降低土壤酸碱度，提高有效性铁的浓度。对雨后出现缺铁症状的园，可叶面喷施 0.5%的硫酸亚铁溶液或 0.5%的尿素+0.3%的硫酸亚铁，每隔 7~10 天喷 1 次，连喷 2~3 次。

（7）缺硼

【症状】 猕猴桃健康叶片中的硼含量为 40~50 微克/克，当新成熟的叶片中硼含量低于 20 微克/克时，就会表现缺硼症状。首先在嫩叶近中心处产生小而不规则的黄色斑，进而扩张，在中脉两侧形成大面积黄色斑。有时会使未成熟的幼叶加厚，发生畸形扭曲，通常支脉间的组织向上隆起。严重缺硼时，节间伸长生长受阻，茎的伸长受阻，植株矮化。

【防治措施】 用 0.1%~0.2%的硼砂或硼酸水溶液进行叶面喷施的效果较好（由于猕猴桃对硼特别敏感，故施硼或喷硼时应特别小心，喷施量一般不要超过 0.3%，以免造成硼毒害）。轻沙壤与有机质含量低的土壤，一般也易出现缺硼症，这类土壤以硼肥作为基肥的效果更佳。

（8）缺锌

【症状】 猕猴桃健康叶片中的锌含量为15~30微克/克，当含量低于12微克/克时，就会出现缺锌症状。新梢会出现“小叶症”，老叶上有鲜黄色的脉间褪绿，叶片表面逐渐呈红色，叶缘更为明显，而叶脉仍保持深绿色，失绿部分与健康部分形成明显对比，但不产生坏死斑。

【防治措施】 在发芽前2~5周结合施基肥，每株结果树混合施硫酸锌0.5~1千克，也可于盛花后3周用0.2%的硫酸锌与0.3%~0.5%的尿素混合喷施叶面，每7~10天喷1次，共喷2~3次。另外，如果土壤中的磷素过多，或施磷肥过早，也会影响猕猴桃对锌的吸收，出现缺锌症状。

（9）缺锰

【症状】 猕猴桃健康叶片中的锰含量为50~150微克/克，当营养枝上新成熟叶片的含锰量低于30微克/克即表现缺锰症状。缺锰症状一般从新叶开始，出现浅绿色至黄色的脉间褪绿，严重时所有叶片表现症状。失绿先从叶缘开始，然后在主脉之间扩展并向中脉推进。当缺锰进一步加重时，除叶脉外，整个叶都变黄，小脉隆起，受害叶片光泽度增加。

【防治措施】 缺锰的果园可在土壤中施入氧化锰、氯化锰、硫酸锰等，最好结合有机肥分期施入，一般每亩施氧化锰0.5~1千克，氯化锰或硫酸锰2~5千克，也可叶面喷施0.1%~0.2%的硫酸锰，每隔5~7天喷1次，共喷2~3次，喷施时可加入半量或等量的石灰，以免发生肥害。也可结合喷施波尔多液或石硫合剂等一同进行。对由于土壤pH过高引起的缺锰症，可施硫黄粉、硫酸钙或硫酸铵等化合物，以降低土壤酸碱度，提高锰的有效性。

（10）缺氯

【症状】 猕猴桃对氯有特殊的喜好，一般作物的氯含量为0.025%左右，而猕猴桃的氯含量为0.8%~3%，特别在钾缺乏时，对氯有更大的需求。当含量低于0.6%时就会表现缺氯症状。开始在老叶顶端、主侧脉间分散出现片状失绿，从叶缘向主、侧脉扩展，有时叶缘呈连续带状失绿，并常向下反卷呈“杯状”。幼叶变小但不焦枯，根系生长受阻，离根端 2~3 厘米处组织肿大，常被误认为是根结线虫囊肿（彩图 22）。

【防治措施】 缺氯的果园可在盛果期施氯化钾，每亩施 10~15 千克，分 2 次施入，间隔 20~30 天。

（11）缺硫

【症状】 猕猴桃健康叶片中的硫含量为 0.25%~0.45%，当含量低于 0.18%时表现缺硫症状。症状与缺氯相似，生长缓慢，嫩叶呈浅绿色至黄色。不同的是缺硫多发生于幼叶上，老叶仍正常。初期幼叶边缘为浅绿或黄色，并逐渐扩大，仅在主、侧脉相连处保持一块呈“楔形”的绿色，最后幼嫩叶全部失绿。与缺氮不同的是，缺硫严重时叶脉也失绿，但不焦枯。

【防治措施】 缺硫一般不容易发生，因为大多数硫酸盐肥料中含有较多硫元素。缺硫时，可通过施硫酸铵、硫酸钾等肥料进行调整，每亩施 15~20 千克即可，于生长期一次施入，或间隔 1 个月分 2 次施入。

（12）缺铜

【症状】 猕猴桃健康叶片中的铜含量为 10~15 微克/克，当含量低于 3 微克/克时，就会呈现缺铜症状。表现为幼嫩未成熟叶片呈均匀一致的浅绿色，随后脉间失绿加重，最终呈白色，叶脆且无韧性，生长受阻。严重缺铜时，生长点死亡变黑，叶早落，萌芽率低。

【防治措施】 萌芽前土施硫酸铜，也可结合防病叶面喷施波尔多液（但应避免叶面喷施硫酸铜，因猕猴桃对铜盐特别敏感，尤其是早期）。

（13）缺钼

【症状】 猕猴桃对钼的需求量极低，健康叶片中的钼含量仅为 0.04~0.2 微克/克，当含量低于 0.01 微克/克时才会出现缺钼症状。缺钼可引起树体矮化，果实变小，果味变苦，叶表面缺乏光泽、变脆，初期散生点状黄斑，逐渐发展成外围有黄色圈的褪色斑，可穿孔。

【防治措施】 缺钼情况在猕猴桃园中一般很少见到，尽管如此仍应注意，因为钼的缺乏容易导致树体硝酸盐的异常积累。缺钼时可叶面喷施0.1%~0.3%的钼酸钾，效果较好。

第四节 水分管理

一、灌水与控水

猕猴桃对水分的需求量大，且反应敏感，怕旱怕涝，怕忽干忽湿，必须使土壤湿度保持在田间最大持水量的70%~80%，才有利于猕猴桃的生长。由于陕西猕猴桃产区，属于华北气候，冬春干旱，夏秋多雨，因此结合本地要求，冬季、春季以灌水为主，夏季、秋季以排水为主。

猕猴桃各生长时期的水分管理要点如下。

1. 萌芽期

一般在萌芽前灌水，促进萌芽、抽梢。此期灌透水还有降低地温、延迟萌芽的作用，以免遭受晚霜和倒春寒的危害。

2. 萌芽至开花前

猕猴桃园在萌芽至开花前需灌水1~2次，以补充伤流和萌芽所需。此期水分含量可以影响猕猴桃的发芽、新梢生长，有利于长叶和开花。

3. 开花期

猕猴桃在花期中不能灌水，应根据情况在初花期或盛花期进行，一天中以选择温度下降的傍晚时间为最好。

4. 果实迅速膨大期

此时气温急剧上升，枝叶生长旺盛，果实迅速膨大，是猕猴桃需水高峰期，必须保证水分充足，如果水分不足，营养生长和生殖生长争夺水分，将会影响果树生长。

5. 果实成熟前

猕猴桃果实接近成熟时，体积、重量及内含物都有显著的变化，

此时适量灌水，有利于增大果个、提高品质。因秋季降雨较多，要注意果园洪涝，及时进行排水。

6. 休眠前

猕猴桃进入休眠前要灌 1 次透水。在冬季结冰的地区，一般在土壤封冻前进行，故称为“封冻水”。尤其在冬季干旱的地区，对保证猕猴桃正常越冬非常重要。

由于各地的气候条件不同，灌水时期必须根据当地的降雨情况，适当调整，灵活安排。比如在猕猴桃的某个需水时期，可能正是当地的雨季，不仅不能灌水，还要做好排涝工作。一般来说，清晨的叶片上不显潮湿时，就说明需要灌水。

二、秋季防涝排水

猕猴桃树的需水量虽然要远大于一般作物，但耐涝性较弱，过多的土壤水分和过高的大气湿度都会破坏果树体内的水分平衡，严重影响其生长发育、产量和品质。当土壤含水量达到土壤最大持水量的90%以上，持续 2~3 天时，猕猴桃叶片开始变黄；在土壤水分达饱和情况下，根系经 9 小时以上，1~2 周后出现部分植株死亡。很多猕猴桃产区秋季雨水仍然较多，土壤较为黏重、易积水，因此猕猴桃园秋季排水防涝是一项不可忽视的工作。

在平地果园，特别是泥土黏重或地下水位高的果园，排水问题很重要；而在低丘、浅山区的果园，因为排水流畅，很少涌现问题。最常见的平地或缓坡地果园的排水沟，为土沟或砖混结构渠道系统。排水沟有明沟和暗沟两种。明沟由总排水沟、干沟和支沟组成，支沟宽约 50 厘米，沟深至根层下约 20 厘米，干沟较支沟深约 20 厘米，总排水沟又较干沟深 20 厘米，沟底保持千分之一的比降。明沟排水的优点是投资少，但占地多，易倒塌淤塞和滋生杂草。暗沟是在果园地下安设管道，将土壤中多余的水分由管道排出。暗沟的系统与明沟相似，沟深与明沟相同或略深一些。暗沟可用砖或塑料管或瓦管做成，用砖做时在沿树行挖成的沟底侧放 2 排砖，2 排砖之间相距 13~15 厘米，同排砖之间相距 1~2 厘米，在这 2 排砖上平放 1 层砖，砖与砖之间紧切，形成高约12厘米、宽15~18厘米的管道，上面用土回填好。暗沟离地面约80厘米，沟底有千分之一的比降。暗沟管道两侧外面和上面铺1层稻草或松针，再填入冬季修剪下来的猕猴桃枝条和其他农作物秸秆，然后回填表层土壤至40厘米处，每米长槽内施入混合农家肥50千克、过磷酸钙2~3千克，填土筑成宽1米、高于地面40厘米左右的定植带。每条暗沟的两端除与围渠相通外，出水口装有水闸。离围渠3~5米处设置1个内孔直径为15厘米左右的气室，气室口高于地表，通气效果更佳，既可保证正常通气，又可避免出气口被泥土堵塞。已建成的猕猴桃园，可在行间离植株根部约80厘米处设置长槽（规格同上）并加砌暗沟管道，也有良好的效果。暗管排水的优点是不占地、不影响机耕，排水效果好，可以排灌两用，养护负担轻，缺点是成本高，投资大，管道易被泥沙沉淀堵塞。

【提示】

在坡度较大的浅山、梯田果园，排灌系统要设计为分级输水，即设跌水，防止水流过猛，引起设施毁坏或土壤流失。

第五章
猕猴桃 GAP 整形修剪

整形是从整体上对树体实行控制，主要任务是培养和理顺树体的骨架结构，具备目标树形，通风透光，便于管理。修剪是指对不符合树形规范、影响树形的枝条采取的各种修整和剪截措施，如短截、疏枝、缓放、回缩等。修剪的目的是为了培养骨干枝和结果枝组，有时是为了控制树体生长量，有时是为了调节树体枝叶生长过大与果实生长迟缓的矛盾，有时是为了保护树体减少自然灾害。修剪多是在整形的基础上解决树体局部的不协调问题，主要任务是培养和更新结果枝组，调节生长与结果之间的关系。

整形必须依靠修剪技术才能实现，修剪技术也常常只有在合理的树形结构下才能更好地发挥作用。所以整形是前提和基础，修剪是继续和保证，二者应密切配合，相辅相成。通过整形修剪，可以使猕猴桃在各种生态条件下，都可以正常生长发育和结果，减少或避免因不良环境条件对树体生长的影响。整形修剪可以使枝条在架面上分布均匀，光照良好，树体紧凑，叶片光合作用效率高，枝条充实，越冬性好，花芽分化好，减少因树冠郁闭等造成的病虫害，产量高而稳定，品质优良，管理方便。

第一节 整形修剪中存在的问题

猕猴桃为攀缘性藤本果树，其枝条具有逆时针盘绕生长的特性，干性弱，不能像其他的灌木、乔木那样直立生长。在自然条件下，它一般都要攀缘在其他植物上才能正常生长；在人工栽培条件下，大多情况下要有支架才能正常生长和结果。多数猕猴桃栽培品种生长势较旺，枝叶生长量大，每个饱满芽内有 1~3 个芽，可萌发成蔓，基部的隐芽容易萌发，可培育茁壮的主蔓，其蔓可长达 10 米左右，也很容易从主蔓上长出侧蔓。如果不适时进行合理的整形修剪，就会造成枝蔓相互缠绕、冠内密闭、无效叶增多、光照不良、枝蔓成熟度降低、花芽分化不良或不分化等现象，不但给田间管理造成不便，而且也严重地影响树体产量和经济寿命。目前，我国很多猕猴桃产区存在着整形不规范、修剪不科学现象，一些产区的树体没有骨干枝致使每年冬季修剪随意性很强，严重影响了树体产量、品质和结果寿命。很多老产区冬季修剪时是临时聘请当地农民，他们基本没有专业技术，因此，针对这种从幼树期没有进行规范整形修剪的树体往往无从下手或直接全面短截，致使树体管理越加混乱，呈现出“蓬头乱发”的现象。

一、整形不规范

在生产中，不少人为了增加早期产量，提高经济效益，在幼树阶段没有规范整形，造成了多主干、多主蔓的不规则树形，这种树形随着树龄的增长，缺点和问题越来越突出。一是造成了营养的大量浪费，用于多主干、多主蔓和多年生枝的加粗生长的营养超出单主干、双主蔓树形的数倍以上，把本该用于结果的营养用于枝条的生长上，养分的无效消耗大大增加，降低了果实产量与质量。二是树体管理难度大，枝条交错紊乱，导致架面郁闭、通风透光不良，修剪管理难度加大，无法实现安全、优质、丰产的目标。三是果实质量变差，多年生枝级次过多，1 年生枝的生长势明显变弱，因此果实个小、质量差。

二、修剪欠科学

冬季修剪时，刻板划一，不注意品种特性，修剪随意性大。突出体现在：只留强旺枝作为结果母枝；只用疏、截，不注意回缩，甚至没有骨干枝概念，不培养骨干枝，随意疏除。在我国大部分猕猴桃的修剪中，结果母枝都以旺盛 1 年生营养枝蔓甚至虚旺枝蔓作为下一年的结果母枝，而这些枝蔓花芽分化不稳定，且频繁出现不发芽。而国外则是以结过果的上年中庸健壮结果枝作为下一年的结果母枝，在果柄前留几个芽剪截，并且在夏季修剪时常以主干环剥（环割）、掐尖等措施来缓和生长势。这是我国猕猴桃整形修剪过程中所欠缺的。

三、冬夏剪脱节，管理缺乏统一技术思路

生长期修剪时大部分果农对徒长枝，要么全部抹除，要么全部保留，冬剪时又全疏除，浪费营养；还有就是不管长度，一律“推平头”，结果将好花芽的部位剪走了，留下的部分顶端发出一个旺枝，下部光秃，造成结果部位外移。因此管理技术缺乏一个整体思路，导致冬夏剪脱节，无法保证猕猴桃植株健壮生长。

第二节　提高整形修剪效益的方法

整形修剪可使树体健壮，树冠通透，结果均衡，品质优良，实现早果、丰产、稳产、优质、壮树、长寿等效果，这是调节树体生长与结果的有效手段，也是提高果实商品性的一项关键技术。猕猴桃是多年生藤本果树，若不整形修剪，任其自由生长，枝蔓在架材上必将相互缠绕，且长得杂乱无章，使树体无效枝蔓增加，并且通风、透光不良。植株即使结果，也会出现产量低、品质劣、大小年结果现象严重，而且树体衰老快、经济寿命也短。

一、架式、树形及品种综合考虑

猕猴桃的生长发育尽管有一定的规律性，但在栽培条件和人为因素的影响下，不能千篇一律地采用同一种模式。植株的修剪方法，根据其品种特性、性别、树龄、枝条长势强弱等的不同会有所不同，采取的修剪方式和修剪程度应有所侧重。

1. 根据品种特性进行修剪

品种的生物学特性不同，其萌芽力、成枝力、结果习性不同，修剪方法应有所区别、各有侧重，才能发挥修剪的最佳成效。

（1）生长势弱的品种　以红阳、翠香为例，要做到：

① 以促为主。冬剪时多短截少疏枝；对大顶芽枝，保留不动；

春夏季修剪，只疏蕾，不抹芽，尽量保留枝叶。

② 生长季修剪。现蕾期，对结果母枝基部 1~2 个结果枝，去除全部花蕾，在其生长点涂抹抽枝类激素，促发旺枝。

（2）生长势强的品种 以秦美、海沃德为例，要做到：

① 生长前期留下的、有空间发展的徒长枝，采果后要在其基部人为造伤，缓解其生长势，使其平缓，可以填补生长空间；第 2 年春季萌芽前 50~60 天，喷布或涂抹破休眠的专用药剂，提高萌芽率。

② 保留 1/3 左右当年结过果的健壮结果枝作为下一年的结果母枝，冬季修剪时在最上面的果柄前留部分芽剪截。

③ 5 月中下旬对有空间发展的徒长枝，留 4~6 片叶短截，促发中庸的夏梢二次枝，作为下一年的结果母枝，多余的疏除。

④ 重回缩，最好回缩到后部有枝的地方，对保留的枝进行破尖处理，但是如果此枝生长势弱，顶芽饱满，就不破尖。

（3）生长势极强、萌芽率高的品种 以徐香、金艳为例，要做到：

① 以控为主。冬剪时留长枝。春夏季修剪，多抹芽，适量保留枝叶，注意保持架面光照良好。

② 生长季修剪。3 月萌芽期及坐果后 1 个月，在主干及旺枝基部进行环割或人为造伤，缓和生长势；生长前期不拉平枝蔓，尽量不摘心，只在新梢变细、开始缠绕生长时掐尖。

2. 不同树龄对整形修剪的要求不同

幼树生长势强，应适当轻剪，使树冠尽快扩大，以培养树体骨架结构，促使树体尽快按照所选用的树形方向发展，以大力培养骨干枝和结果母枝蔓组为重点。例如，现在多使用“单主干、双主蔓、主蔓两侧轮生结果母枝”的“鱼刺形”管理模式，就应该从苗木定植起，严格按照既定树形进行培养。盛果期以后，树体已经形成，以平衡营养生长和生殖生长为原则，适当重剪，控制结果母枝数量，维护树体骨架结构，促使树势由旺转为中庸，每年进行结果母枝更新。对于衰老树，应重剪，以去弱留强、限制花量、更新复壮为主要目的，利用隐芽抽枝更新树冠。

3. 不同自然条件对整形修剪的要求不同

山地、滩地、平地等不同条件的地区，其土层厚度、土壤肥力及降水量等情况各不相同，整形修剪也应有所不同。山地土壤瘠薄、土层浅，植株树势一般较弱、树冠宜小，留主蔓枝量不宜过多，修剪量也应稍重以使树体健壮；土层深厚、土壤肥沃的平地，植株树势强，树冠宜大，留枝蔓量应较多，修剪量应轻，使其多结果。此外，气温高的地区，修剪量应轻；低温风大的地区，应酌情重剪。

4. 不同管理水平对整形修剪要求不同

栽培管理水平高，植株树势则强，应采用大树冠，适当轻剪；栽培管理水平低，植株树势必弱，宜采用小树冠，适当重剪。理想的树形和修剪技术能使猕猴桃树体早成形、早进入盛果期、结果年限长、丰产和便于管理。因此树形要大小合适、枝条配置合理、透光通风，修剪量要因树因势给予增减，以发挥最大的生产效益。

二、猕猴桃主要树形及整形修剪方法

1.“一干两蔓”整形法

现在猕猴桃果园最常用的整形方法是“一干两蔓”树形，可适用于水平大棚架和“干”形架管理的果园。该树形的特点是单主干上架、两个主蔓沿中心铅丝向相反方向水平生长，没有特殊情况基本固定不变；主干和主蔓形成永久性骨干枝；主蔓的两侧每隔 25~30 厘米选留 1 个强旺结果母枝，与行向（或 2 个主蔓方向）基本呈直角固定在架面上，呈羽状排列，结果枝着生在结果母枝上，每年更新结果母枝。这种树形结构将多年生骨干枝的数量减少到最低限度，有利于营养的有效运输和利用，也有利于结果枝在架面上的有序分布，可使结果母枝保持强旺生长势，这种树形修剪简单，容易掌握，更新复壮快。

（1）第 1 年生长期整形修剪（夏季修剪） 定植后，在嫁接口以上留 2~4 个饱满芽并在最上方的芽上面 2 厘米左右进行短截，保留 1 个抽发生长最旺的新梢使其向上直立生长，作为将来的主干进行培养。待新梢长到 20 厘米以上长度时，尽早在旁边插竹竿引缚其向上快速生长，每隔20厘米左右用绑蔓机或扎丝进行固定，待这个新梢顶端开始呈现缠绕状态时，说明顶芽生长势已弱，在顶芽附近找1个饱满芽，在该芽附近进行摘心处理，促使其萌发，重新牵引向上生长，同时尽早抹掉砧木上发出的萌蘖和除了牵引枝以外促发的、影响主干生长的新梢。一般管理水平下，植株在生长季当年即可达到主干上架的高度。也有管理较好或者生长势旺的品种，如中猕2号在8月左右即可达到上架高度，可在架面下10厘米左右选择芽体饱满且位置相反的2个芽，并在上面一个芽上方2厘米处进行短截，促使保留的2个芽尽早萌发，并保持75度夹角进行反方向双臂培养，使其成为将来的2个永久性主蔓。这2个主蔓可先按45度角拉扯，依靠顶端优势的作用促使其快速生长，尽早形成株间一半距离的主蔓长度，直至与邻株相接时再剪梢拉平，促发结果母枝。主蔓在架面上发出的枝条全部保留，以尽早形成架面。在冬季落叶前单侧可形成长0.5米左右的主蔓。

（2）第1年冬季修剪 主干如果没有达到上架高度，则继续选择在1个饱满芽体处进行短截。主干刚达到上架高度的，和生长期一样，在架面下10厘米处选择2个芽，并在上面一个芽的上方2厘米处进行短截。已形成2个主蔓但尚未达到长度（一般为株距的一半）的，在主蔓两侧分别找饱满芽进行短截，继续促使其向前延长生长。主蔓与邻株相接时，在饱满芽处短截以促发结果母枝，并将其拉平至中间铅丝上，进行绑蔓永久固定，形成架面。同样保留主蔓上所有萌发出来的结果母枝。

（3）第2年生长期整形修剪（夏季修剪） 没有完善树形的继续进行上一年的工作，以尽早形成单主干、双主蔓树形。注意培养主干、主蔓的整形阶段，需要加强果园管理，以促发旺枝，形成强壮的骨干枝（主干、主蔓），并保证主次关系分明。主蔓培养时，力争一次成形，以减少节疤。已形成骨干枝的可在初夏（5月中下旬）选择合适芽体涂抹抽枝类激素，促发结果母枝，以便尽快形成架面。为防止日灼，夏季最好给幼树的主干涂抹涂白剂或缠裹树干以反射或减少阳光，防止树干裂皮。

（4）第 2 年冬季修剪 一般此时都已经形成单主干、双主蔓，有的已形成了部分结果母枝。疏除与骨干枝（主干、主蔓）同龄的所有辅养枝蔓，尤其注意疏除主干与 2 个主蔓之间形成的三角形区域的萌蘖或枝条，以保持 2 个主蔓的绝对生长优势。保留主蔓上发出的所有枝蔓，将来作为结果母枝；主蔓两侧每隔 25~30 厘米选留 1 个强旺结果母枝，位置较密时可以将结果母枝留 2 厘米左右进行短截，所有主蔓上发出来的枝条都不可以疏除，以作为今后结果母枝的更新培养。观察保留的结果母枝距离第三道铅丝的位置，若尚未达到该位置，则留饱满芽带头；若已达到铅丝位置，则在弱芽处修剪。修剪以后将所有保留的结果母枝均匀绑缚在两侧铅丝上。至此，单主干、双主蔓树形已经培养完成（图 5-1），一般管理水平的果园，在定植后的 3 年左右均能完成单主干、双主蔓树形的培养。

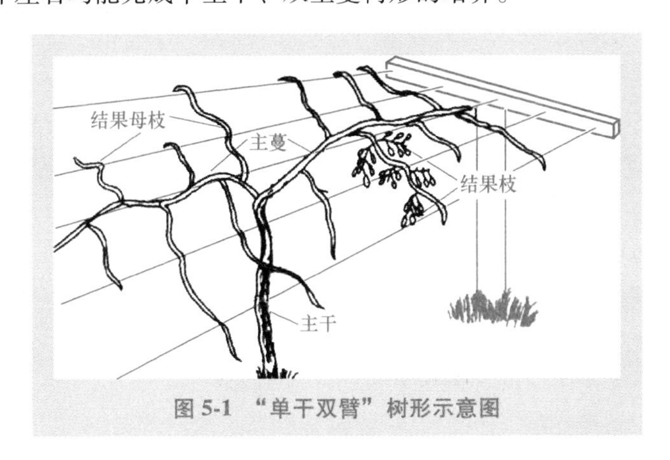

图 5-1 “单干双臂”树形示意图

（5）结果期树的修剪 定植后第 3~4 年，应注意大量培养健壮的结果母枝，加大留芽量及挂果量，平衡结果与营养生长关系。疏剪过多的徒长枝、背上枝、背下枝，长旺结果母枝在饱满芽上方位置处短截（多留饱满芽），结过果的结果母枝回缩至基部 10~15 厘米或有 1 年生枝蔓处。若较强枝蔓远离中心，则在其基部选中庸枝短截。选留结果母枝时一般留强健枝蔓，在饱满芽处短截。枝稀、空间较大时，培养侧蔓，以占领空间，不用的侧蔓留 2 厘米左右短截，能回缩的尽量回缩，防止结果部位外移。至此，中心主蔓发出的强旺新梢以中心铅丝为中心线，沿架面向两侧自然伸长，呈羽状排列；采用“T”形架的，新梢超出架面后自然下垂；采用大棚架整形的新梢一直在架面之上延伸，在有空间的地方，保留中庸枝和生长良好的营养枝。

2.“伞形”棚架整形法

该种树形整形方式是在形成“单主干、双主蔓”的基础上继续培养形成的，即“伞形”棚架树形的建成分为 2 个阶段：“单干双臂”树形的建设和“伞形”架式的建设。

“伞形”结构是设置在相邻 2 株猕猴桃树行间的平棚架面上，该结构主要由“伞骨”“伞柄”及支撑“伞柄”的 2 条交叉铁线构成(图 5-2)。“伞柄”通常选用木棍，设置在行间，支撑在棚架结构相对坚固的架材上。“伞柄”高 3 米，底部用铁钉固定，同时在顶部钉 1 颗铁钉。“伞骨”分左右两侧，每侧牵拉有 17 根细线（可选择双股棉线或其他耐老化的材料），一端间隔 30 厘米左右系在猕猴桃树所在行的铅丝上，另一端汇总打结固定在“伞柄”顶部的铁钉上，与地面保持 37~45 度夹角，以牵引新梢。新梢沿着细线延长生长，覆盖整个“伞骨”，形成“撑伞式”结构。该结构主要用于支撑主蔓上萌发的春梢，每间隔 30 厘米利用“伞形”进行单侧牵引生长，以便其进行营养生长；冬季将所有枝条放下，不剪或轻剪，根据行间距控制适当长度，作为备用结果母枝，并沿架面摆放整齐，做到行间枝条不交叉。第 2 年采果后，将结果母枝从基部保留 15 厘米截除；有空间的地方，部分结果枝可保留 1. 5 米左右长度至第 2 年再次利用后进行截除。按照这种方式，新梢生长量大、粗壮，一般不发生副梢，栽后第 3 年能形成规模产量。

“伞形”树形建设过程应注重树体的前期培养和营养积累，为后期结果打下坚实的树体基础。采用双侧交替式轮换结果，在当年结果的同时注重对第 2 年结果枝的培养，同时也为当年结果枝输送了营养，树体轮换结果，注重营养生长与生殖生长的平衡，能有效地减少“大小年”结果现象的发生；有效地利用了空间、阳光，此外由于顶部的“伞形”结构的阻挡作用，降低了大风对下部结果面的接触，

减轻了对果实的伤害，果实产量和品质有所提高；有目的地进行侧枝选留培养，“伞形”夹角生长方式使侧枝保持顶端优势进行生长，从而减少了二次枝的萌发，有效避免了树体营养的浪费，同时减少冬季修剪量，降低了劳动成本。

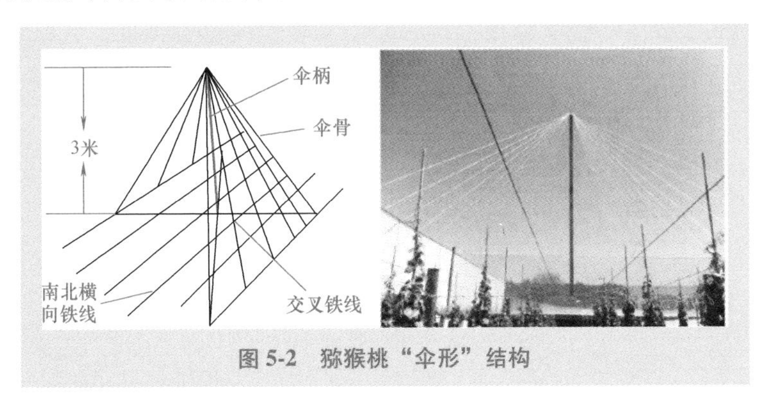

图 5-2　猕猴桃“伞形”结构

3. 新西兰直雄树模式

直雄树模式（图 5-3），就是建园时，1 行雄株，1 行雌株，循环栽植的栽植模式。雄株和雌株的行距都是 3.6 米，雌株的株距为 3 米，雄株的株距为 6 米、9 米或 12 米。但是在前 3~4 年，在雄株行可以栽植雌株，产生收益后，待雄株的主蔓延长便可直接把雄株行的雌株砍掉。一般栽植的雄株完成授粉后，由园主对雄株行进行重剪，即主蔓上的几乎所有枝条剪留 10 厘米，为雌株结果让出空间。

图 5-3　直雄树模式

从图 5-3 可以看出，中间雄株授完粉后采取重剪，腾让空间，让雌株结果母枝占领空间，提高产量。为了让雌株结果母蔓占领空间，新西兰果农采取在雄株行立支架，牵引雌株结果预备枝（当年新梢）沿着支架吊线向高处生长，培养超长结果母枝，然后根据架面空间进行 U 形绑缚，以提高猕猴桃产量。猕猴桃预备枝（新梢）有以下 2 种流行的牵引方式。

（1）V 形牵引 即在雄株行上面架设 1 根钢丝，然后将所有枝条直接牵引上去，看上去就像一个 V 字一样（图 5-4）。这样做效果最好，但是操作较难，目前在山东博山有果园这样做，而且做得很好。

图 5-4 牵引上架栽培

（2）伞形牵引 即在雄株行绑 1 根杆子，可以是木条，也可以是竹竿，钢管也行。高出架面约 3 米。最难理解的是怎么把绳子绑上去？答案很简单，先把所有的绳子集中在一起，在木条顶端固定死，也可以做一个活扣，然后把木条立起来，绑在水泥杆或者木桩上，最后在雌株行的主线上均匀地把牵引绳系好即可。

绳子直径为 1 毫米，材料为尼龙绳。可以用 1 年就换，也可以用 2~3 年再换，根据自身情况自行决定。新梢通过绳子人工辅助串绕向上生长，冬季通过解开顶部绳子落蔓，按照一定间距固定在架面上即可实现第 2 年结果。

【提示】

采用牵引栽培，生产成本会有一定增加，但是，一个极大的好处是这些被牵引的结果母枝，由于高度很高，地面湿度影响减小，患落叶病的概率减小，同等条件下，最少推迟落叶15天，优势明显。

三、树形控制及连年丰产

整形修剪就是通过抹芽、疏枝、摘心、剪枝等合理的操作，使猕猴桃果树形成良好的骨架，枝条合理分布，充分利用空间和光能，便于田间作业，降低生产成本；调整地下部与地上部，以平衡生长与结果的关系，调节营养分配，尽可能地发挥猕猴桃的生产能力，实现优质、丰产、稳产，延长结果年限。例如：幼树轻剪长留，加快构建标准树形，可促其早结果、早投产；成年树通过调节枝量与密度，使树体通风透光，既减少病虫害，又改善果实品质；通过控制叶果比，以平衡生殖生长与营养生长，使树体保持健壮，从而延长其经济寿命。一年四季除伤流期外均可修剪。落叶到伤流前期进行的修剪称冬季修剪，简称冬剪，又称休眠期修剪；萌芽至落叶前进行的修剪称生长期修剪，又称夏季修剪，简称夏剪。猕猴桃经济寿命较长，且雌雄异株，故其修剪方法因树龄和性别而有所变化。

1. 冬季修剪

冬剪从12月下旬开始至第2年1月底结束，主要任务是配备适宜的结果母枝，同时对衰弱的结果母枝进行更新，使结果部位能够始终保持在距离主蔓较近的区域，保证树体健旺，持续丰产、稳产。

猕猴桃的结果习性可以基本总结为：从1年生枝上抽生的当年生新梢能结果；从多年生枝上萌发的新梢当年不能结果，但第2年在其枝上抽生的枝能结果。从1年生枝腋芽萌发出来的新梢，其基部叶腋以聚伞花序着花，这个新梢称为结果枝。能抽生结果枝的枝条叫结果母枝，从结果母枝的中下部至中上部叶腋里能抽生结果枝。在结果枝上，雌花芽着生在自基部第2~8节的叶腋里，雄花着生在自基部第

1~9节的叶腋里。花序着生节的腋部不着生腋芽，第2年会成为盲芽。每个结果枝通常结2~4个果，但根据种植距离、结果母枝的数量与长度、结果枝的长度等不同而有所差异。结果后的1年生枝也能成为结果母枝，但以生长枝形成的结果母枝最为常见，此外，充实的徒长枝也能成为结果母枝。结果母枝的强度与结果量成正比，短弱枝（约20厘米以下），只抽生1~2个结果枝，着生1~3个果实；生长中庸的结果母枝（20~100厘米）可抽生2~8个结果枝，平均结10个果实左右；生长旺盛的结果母枝（100~200厘米）可抽生4~10个结果枝，平均结20个果实左右。

冬季修剪时，首先将根际萌蘖枝，各部位的细弱枝、枯死枝、病虫枝、过密的大枝蔓、交叉枝、重叠枝、竞生枝，以及下部无利用价值、生长不充实的发育枝等一律疏除，使生长健壮的结果母蔓均匀地分布在架面上，形成良好的结果体系，然后对不同类型的枝蔓采用不同的修剪方法。

（1）初果期幼树的修剪 应适当多留结果母枝，而且进行轻短截，并将结果母枝均匀地绑缚在架面上，形成结果母枝组。

（2）结果枝的修剪 结果枝结过果的部位没有芽眼，第2年不能抽生枝条，但结果部位以上的芽，形成早、发育程度好，留作结果母枝时，常能抽生较好的结果枝。在处理结果枝时，由于2~6个芽位能普遍结果，因此一般应保留至8~10个节位，生长发育特别好的保留至15~18个节位。修剪时，可根据其长度来确定修剪量，对长度在1米以上的徒长性结果枝，在盲节上3~7个芽处短截；长度为50~80厘米的长果枝和中果枝，在盲节以上留5~7节短截，或留3~5节短截；短果枝和短缩状果枝，由于剪后容易枯死，一般不修剪，当这类枝条结果衰老后，可全部疏除。

（3）营养枝和徒长枝的修剪 营养枝也称生长枝或发育枝。一般也根据枝条的长度来进行修剪，对长度为1米左右的强壮营养枝条，剪留60~70厘米；长度为50~80厘米的中庸营养枝，剪留40~60厘米；50厘米以下的细弱枝一般不用的可全部疏除，需要时剪留10~20厘米。猕猴桃的主干和主蔓很容易抽生徒长枝，徒长枝下部直立的部分节间长，芽体扁平、较小，芽眼质量不高、发育不充实，一般从中部的弯曲部位起，枝条发育趋于正常，芽眼饱满，质量较高。在发育枝、结果枝数量不够时，可选作结果母枝，从良好芽眼处剪留40~50 厘米用作更新的徒长蔓，留 5~8 个芽短截，第 2 年再从其上萌发健壮枝梢留作更新用；没有利用价值的徒长枝，应及时从基部除去，以免扰乱树形，消耗养分。

（4）结果母枝的修剪 结果期需要配备适宜的结果母枝，同时要对衰弱的结果母枝进行更新，使结果部位能够始终保持在距离主蔓较近的区域。因为结果母枝经过 1~2 年结果后往往会衰弱，甚至枯死，而结果部位一般不能萌芽，极易造成结果部位外移或上移，树势衰弱，导致果实减产和品质下降。

1）结果母枝的选留：强壮理想的结果母枝应是长度在 1 米以上、基部直径在 1 厘米以上的强旺发育枝；长度为 30~100 厘米、生长中庸的发育枝和结果枝，也是较好的结果母枝选留对象，一般留作结果母枝的枝条均应剪到饱满芽处。

2）结果母枝的更新：结果后的母枝生长势明显下降，修剪时要选留原结果母枝基部发出或直接着生在主蔓上的枝条作为结果母枝，将原来的结果母枝回缩或疏除。

3）预备枝的培养：未留作结果母枝的枝条，如果着生的位置接近主蔓，可剪留 2 个芽，发出的新梢可留作下一年的更新枝。其余的枝条及各个部位的细弱枝、枯死枝、病虫枝、过密枝、交叉枝、重叠枝及根际萌蘖枝应全部疏除，以免影响树冠内的通风透光。

为保持产量稳定，对结果母枝的更新要循序渐进，通常每年对全树 1/4~1/3 的衰老母蔓更新为宜。已结果的枝条一般 1~2 年更新 1 次；长势弱的短果枝型品种、结果母枝或已结过果的枝条需年年更新；长势强的长果枝型品种、结果母枝或结果枝 2 年更新 1 次；未留作结果母枝的枝条，如果着生的位置接近主蔓，可剪留 2 个芽，发出的新梢可留作下一年的更新枝。单株留芽量以 600~800 个为宜。

4）留枝留芽量：一般每平方米选留 1~2 个结果母枝，每枝留芽量 15~20 个；每亩留枝量控制在 1100 个左右、留芽量 20000 个左右，每平方米30~35个。

（5）雄株的修剪 雄株主要是用来给雌株授粉，授粉好坏，对果实产量、品质影响非常大，所以在抓好雌株修剪的同时，也不能忽视对雄株的修剪。冬季修剪时可以只对雄株的缠绕枝、病虫枝、枯枝、细弱枝、过密枝进行适当修剪，以利于保持较大的花量，并且集中养分促使花粉量大、质量好，有利于授粉。

2. 夏季修剪

夏季修剪又称生长期修剪，在萌芽后至冬季落叶前都可进行。

（1）雌株的夏季修剪 修剪方法主要包括抹芽、摘心、疏枝、疏花、疏蕾、绑蔓等。猕猴桃枝蔓年生长量大，尤其是对于萌芽率、成枝率较高的品种如金桃，夏季不及时修剪会导致枝蔓相互缠绕、树冠郁闭。因此，猕猴桃夏季修剪是保障树体全年增产、丰收的重要环节，要分多次对树体进行夏季修剪。

第一次修剪是在萌芽期进行抹芽定梢，主要是抹去主干、主蔓及侧蔓上萌发的无用潜伏芽、双生芽或三生芽，一般只留1个芽，其余的抹去。如果结果母枝上萌发的芽过多，也可适当抹去一些，以便调节树体的结果量。一般高接换头的树也要适当抹除一部分砧木上的芽，以便养分在接穗部位的集中，但不可全部抹除。

对于初果期幼树而言，此期修剪宜轻，在结果母枝上适当多留新梢枝叶，以使主干、主蔓增粗，为以后丰产培养好壮实的骨架，要逐步疏剪辅养枝，其他按修剪原则进行。此期经2~3年便进入盛果期。

对于衰老树而言，要重修剪，使之更新复壮，即对结果母枝重回缩，利用其中生长较好的枝蔓更新结果母枝组。疏剪死结果母枝，或利用主蔓上隐芽发出的徒长枝更新结果母枝。主枝严重衰弱者，利用主干上的萌蘖更新主蔓。若主干也严重损坏，可锯至未损坏处，使主干上隐芽萌发抽梢更换主干。若主干已经死亡，可利用基部萌蘖高接换头，重新培养良种树冠。

1）抹芽：抹芽一般要从萌芽期开始进行，抹去主干上萌发的潜伏芽，保留着生在主蔓上的萌芽，可培养为下一年的更新枝。抹芽要反复进行多次，在生长前期每周进行1次，抹芽一定要到位。

2）疏枝：当新梢长至20厘米以上，花序开始出现后，及时疏除细弱枝、过密枝、病虫枝、双芽枝及徒长枝等，结果母枝上每隔15~20厘米保留1个结果枝，每平方米架面保留正常结果枝10~13个。

3）绑蔓：绑蔓是在新梢长到30~40厘米时开始进行，每隔2~3周应进行1次，使新梢在架面上分布均匀。绑蔓时要注意防止拉劈。

4）摘心：在5月下旬，梢长8厘米，枝条细，叶变小，枝条的先端会弯曲，这时进行摘心。也可按照叶片摘心，长果枝13个芽摘心，中果枝10个芽摘心，短果枝7个芽摘心；结果枝在着果节以上留7~8片叶摘心，一般全株叶果比为（6~8）：1。

（2）雄株的夏季修剪 雄株应保持与雌株相同的基本树形结构，其修剪是在谢花后。修剪时，将开花母枝回缩修剪到靠近主蔓的新梢处，可留2~3个未开花的生长枝作为第2年的开花母枝，疏剪其余已开过花的开花枝。雄株重在生长季修剪，若有必要，在7~9月都可对开花母枝进行回缩修剪。新梢的夏季修剪关键在于对新梢的留长和反复摘心，培养健壮的开花母枝，疏剪弱梢和过密枝。

第六章
猕猴桃 GAP 花果管理

第一节　花果管理方面存在的问题

一、授粉树配备不足

猕猴桃栽培品种绝大多数为雌雄异株，雌花必须完成授粉受精后才能结果。授粉受精良好时，雌花 95%以上会结果且果实生长快、果形大、产量高、品质优。相反，授粉受精不良的果实，果形小、品质差，甚至中途脱落。

二、调节剂滥用

猕猴桃生长过程中，植物生长调节剂的使用以氯吡脲最为普遍，使用目的是促进猕猴桃果实膨大，提高猕猴桃产量。虽然氯吡脲对猕猴桃的增产效果明显，然而一直以来由于缺乏科学指导，猕猴桃生产者滥用氯吡脲问题突出，因用法用量不当常导致果实空心或中心柱硬化、畸形果增加、肉质粗糙、耐贮性下降等不良后果，还易造成树势早衰，诱发溃疡病等重大病害，这既增加了管理过程中防病用药的投入量，又增加了采后防腐剂、保鲜剂等的使用量，给消费者健康带来很大风险。

三、授粉方法不当

自然情况下，猕猴桃主要靠昆虫授粉，靠风辅助授粉。人工栽培的猕猴桃园，遇到雌雄株配比不当、花期不遇、雄花量不足、花期阴雨低温和由于特殊原因没栽雄株等情况，就必须进行人工授粉，不然产量将会大减甚至无收。猕猴桃开花期若遇连日阴雨或大雨天，如果不进行人工授粉，自然结果率就只有 1%～10%。金魁等部分美味猕猴桃品种，即使开花期为晴朗天气，如蜜蜂等昆虫不多或有其他适口蜜源，结果率也只有 30%～40%，产量一般会减少 30%～60%；而雄花充足的果园，若给予 1 次人工授粉，可增产 5%～10%，果实增大 2%～3%。

四、留果过量

猕猴桃花量较大、坐果率较高，正常气候及授粉条件下，几乎没有生理落果现象。若结果过多，消耗养分过大，则容易使果实单果重降低，其品质和商品率随之下降，这样也常常导致猕猴桃结果出现大小年现象。通常情况下猕猴桃花芽的形态分化是从春季芽萌动开始至开花前几天结束。一般来说侧花和基部花分化迟、质量差，为了节约养分、提高花的质量，在开始现蕾时，就可以把侧花蕾、结果枝基部的花蕾疏掉。疏蕾宜早不宜晚，过晚疏除只会加大养分的消耗。据观察，猕猴桃开花坐果后 60 天，生长量可占整个果实生长量的 80%。因此，疏蕾比疏花、疏果更能节省养分消耗。猕猴桃的花期较短而蕾期较长，一般不疏花而提前疏蕾。生产中，为了避免因疏蕾过量，或疏蕾后因花期遇雨导致授粉不良等影响当年产量的情况发生，一般是将疏蕾和疏果两种措施结合进行。

第二节　提高猕猴桃花果管理效益的方法

一、进行人工精细授粉

1. 配置合理的雄株数量

传统的雌雄株比例是（6~8）∶1，现在增加到（5~8）∶1，新西兰有的农场主还采取了“一行雌一行雄”的配置，雌雄株比例为（1~2）∶1，保证了果园充足的花粉来源，有利于生产大果，提高产量（图 6-1）。

2. 授粉方式

授粉方式主要有人工授粉和果园放蜂两大类，而人工授粉又分为手工授粉和机械授粉两种。目前手工授粉主要采取干粉点授，即用过滤烟头蘸粉点授或毛笔点授，或者采用雄花与雌花朵对朵点授。另外，在花期喷 3%~5%的蔗糖水和 0.05%~0.10%的硼酸溶液，可吸引昆虫授粉，提高坐果率。本方式取得了非常好的效果，但其劳动力费用较高，授粉成本越来越高，因此本节主要介绍机械授粉。

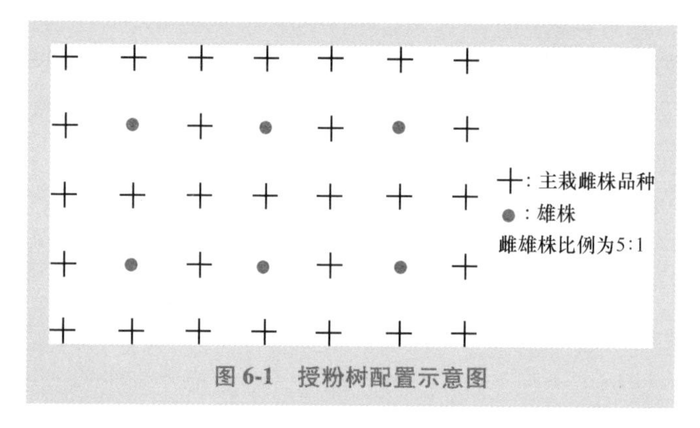

图 6-1　授粉树配置示意图

(1) 花粉采集　选择比雌株品种花期略早、花粉量多、与雌株品种亲和力强、花粉萌芽率高、花期长的雄株，采集含苞待放或初开放而花药未开裂的雄花，于上午 9:00~11:00 集中采集，以花蕾露白 1/3、手按有蓬松感为宜，花瓣张开 1/3 的雄花也可用猕猴桃剥花机等分离取得花药，然后进行脱粉（图 6-2）。

图 6-2　花粉采集

（2）脱粉

1）将花药平摊于纸上，置于多功能花药烘干恒温箱内，在 22～28℃下放置 20～24 小时，使花药开放散出花粉。在有条件的情况下，可优先选用该方法。

2）将花药摊放在一个平面上，在距该平面 100 厘米的上方悬挂 100 瓦电灯泡照射花药，待花药开裂取出花粉。散出的花粉用 100～120 目（孔径为 125～150 微米）的细网筛出，装入干燥玻璃瓶内。采用此法，温度较难调控，需要密切监控，确保温度不超过 28℃。

（3）花粉贮藏与吸潮激活　选用经冷冻处理的贮藏花粉或商品花粉，使用前必须常温解冻吸潮 24～48 小时，以激活花粉活性。解冻后不宜长时间存放，以免影响授粉质量。例如，选用于上一年采集并贮存于-20℃条件下的陶木理（Tomuri）花粉，在使用前将其取出放于 5℃的冰箱，48 小时后再放于常温 5～7 小时即可配制使用。采用这种在使用前逐步升温的办法比较可靠。

3. 授粉方法

授粉方法分为昆虫授粉和人工授粉，人工授粉又分为干式授粉、机械湿式授粉、对花授粉。

（1）干式授粉　干式授粉为目前最常用的授粉方法之一。授粉方法主要有毛笔点授（图 6-3）、简易授粉器授粉（图 6-4）。使用购买的商品花粉或自制纯花粉，盛果期每公顷用量 200～500 克，按 1∶(1～2) 的比例混配专用染色石松子，其中以 1∶1 混配授粉效果更好。编者进行商品花粉人工授粉试验，结果显示用 1∶15 的比例混配粉碎花药壳也能收到良好效果。一般在花期点授或喷粉 2 次，即全园开花 30%～40%喷 1 次，开花 70%～80%再喷 1 次。

【注意】

阴雨天授粉效果很差，应同时做好花前水肥管理工作，促花壮花。

图 6-3　毛笔点授

图 6-4　简易授粉器授粉

如图 6-4 所示，将花粉用滑石粉或石松子稀释 5～10 倍，装入细长的塑料小瓶中，加盖橡胶瓶盖，在瓶盖上插一细吸管，即可制成简易授粉器。授粉时，用手压迫瓶身产生气流可将花粉吹向每个柱头。

（2）机械湿式授粉 机械湿式授粉在生产上尚少有应用。选一个没使用过任何农药（或除草剂）的喷雾器洗净待用。将花粉、蔗糖和水按 1∶10∶9989 的质量比配制成悬浮液，也可在 1 升含 1 克花粉的悬浮液中添加 1 克硼酸、4 克阿拉伯胶及 10 克蔗糖。配制的花粉悬浮液要在 1 小时内用完，以免花粉在液体中浸泡时间太久因吸水膨胀而破裂，影响授粉效果。喷雾时喷头向上，对着雌花喷。喷雾器距花朵约 15 厘米，不可太近，调节喷雾器头保持雾化良好，喷雾时要迅速喷雾，不可在一处停留过久，以免形成水珠后使花粉随水珠滴落而降低授粉效果。新西兰农户会在所用的花粉液中添加食用色素，使授过粉的地方可显示，不至于漏喷或重复喷。雨天要待雨停后喷雾授粉，隔 1 天再喷 1 次。晴天一般喷雾授粉 1 次即可。花粉液中若能加入 0.5%~1%的蜂蜜，授粉效果会更好。一般每亩用花粉 30~50 克即可。用几种授粉品种的花粉混合后对雌花授粉，效果比用一种雄花花粉的效果好，坐果率一般可提高 5%~10%。

（3）对花授粉（图 6-5） 采集当天早晨刚开放的雄花，将花瓣向上放在盘子上，用雄花的雄蕊轻轻在雌花柱头上涂抹，每朵雄花可授 7~8 朵雌花。

图 6-5　对花授粉

（4）人工授粉适宜时间与温度 授粉最好于上午 7:00~11:00 进行，下午 3:00~5:00 也可。当柱头蜜露和亲和物质充足时，授粉质量高。授粉适宜温度为18~28℃，超过30℃不宜授粉。雌花开放后5天之内均可进行授粉，但随着开放时间的延长，授粉受精后果实内的种子数和果个的大小会逐渐下降。花开放后1~2天的授粉效果最好，第4天授粉坐果率会显著降低。

4. 花粉贮藏

在湿度低于10%、温度为-20℃的条件下贮藏3年以上的花粉，其发芽率仍在90%以上。花粉在5℃的家用冰箱中可贮藏10天以上，而在干燥的室温条件下可贮藏5天左右，但随着贮藏时间的延长，授粉后果实的重量逐渐降低，室温条件下以贮藏24~48小时的花粉授粉效果较好。

5. 花粉活力鉴定

花粉活力测定一般采用离体萌发法，培养基采用液体培养基，即12%的蔗糖、0.03%的硼酸和0.07%的硝酸钙，pH为6.0（以Tris调节）。取1毫升培养基于1.5毫升的离心管中，用铅笔橡皮头一端蘸取少量花粉于培养基中，做好标记，置于25℃、180转/分的摇床中培养。分别于3、5、7、9、11、13小时进行观察。每个样品在10倍镜下取5个视野进行观察，总花粉数量不少于100粒。每个样品重复3次。按以下公式计算：

花粉活力=萌发花粉数/被观察花粉总数×100%

二、科学使用调节剂

植物激素是指植物体内天然存在的对植物生长、发育有显著调节作用的微量有机物质，也被称为植物天然激素或植物内源激素。它的存在可影响和有效调控植物的生长和发育，包括从细胞生长、分裂，到生根、发芽、开花、结果、成熟和脱落等一系列植物生命全过程。植物生长调节剂是人们在了解天然植物激素的结构和作用机制后，从生物中提取的天然植物激素，以及通过人工合成的与植物激素具有类似生理和生物学效应的物质，在农业生产上使用，以有效调节植物的生长发育过程，达到稳产增产、改善品质、增强植物抗逆性等目的。

20 世纪 20~30 年代，人们发现植物体内存在微量的天然植物激素如乙烯、3-吲哚乙酸和赤霉素等，具有控制生长发育的作用。到 20 世纪 40 年代，人们开始人工合成类似物的研究，陆续开发出 2,4-D、胺鲜酯（DA-6）、氯吡脲、复硝酚钠、α-萘乙酸、抑芽丹等，逐渐推广使用。目前已在我国登记使用的植物生长调节剂有 38 种。从 20 世纪 30 年代研发推广起，植物生长调节剂在全世界农业生产中得到广泛应用，如美国、欧盟等发达国家和地区在蔬菜、水果种植和贮藏中普遍使用。

对目标植物而言，植物生长调节剂是外源的非营养性化学物质，通常可在植物体内传导至作用部位，以很低的浓度就能促进或抑制其生命过程的某些环节，使之向符合人类需要的方向发展。每种植物生长调节剂都有特定的用途，而且应用技术要求相当严格，只有在特定的施用条件（包括外界因素）下才能对目标植物产生特定的功效。改变浓度往往就会得到相反的结果，例如，在低浓度下有促进作用的植物生长调节剂，在高浓度下则变成抑制作用。

在猕猴桃果实生长阶段，果农通常会使用膨大剂。膨大剂是植物生长调节剂，都属于农药范畴，常见的如氯吡脲，是东京大学药学部首藤教授等发明的，最早由瑞士 Sandoz 公司研发。

氯吡脲是一种高活性苯基脲类衍生物，具有细胞分裂素活性，可促进细胞的分裂和生长、器官的形成和蛋白质的合成，提高光合作用效率，增强抗逆性，延缓衰老，在瓜果类植物上具有促进花芽分化、保花保果、提高坐果率、促进果实膨大等作用。自 20 世纪 80 年代引入我国以来，氯吡脲得到了广泛应用，在猕猴桃上主要用于促进果实膨大。然而，随着生产中无节制地加大使用浓度，作为果实膨大剂使用的氯吡脲使猕猴桃果实品质急剧下降，耐贮性降低，树势衰弱，病害加重，对猕猴桃产业发展产生了严重的负面影响。

但辩证地讲，不能一味排斥其所有的作用，而应当趋利避害，充分发挥其应有的、正面的功效。一定浓度的氯吡脲稀释液能显著促进侧芽萌发，补充树冠，实现提早结果；利用氯吡脲“精确”点芽促发，可以不影响临近侧芽及果实发育。另一方面，在根施情况下，氯吡脲具有极性传导至地上生长点（梢尖），促进顶端发育的作用；若同时叶喷，接触其药液的叶片浓绿、肥厚，保护组织发达，具有一定的抗日灼功效。

1. 在海沃德品种上的应用

海沃德品种在幼树期发芽率、成枝率低，大多剪口下仅发1个芽，单轴生长，挂果迟。增加早期枝条量是其早果高产的前提。对此，可在海沃德幼树期，于5月中下旬在前期长成的枝段上选择合适部位的芽，用稀释20~30倍的氯吡脲溶液蘸抹，并结合摘去芽周围叶片的办法，可促进其很快发芽，增加枝量，降低单枝生长量，分散生长点，促进提早结果。

2. 在华优品种上的应用

华优品种树形养成时期易出现一边芽发出多，而另一边发枝少甚至无枝的现象，即所谓的“偏冠”现象。对此，可在发芽期观察，对不发枝的一边及时选择合适芽位的芽用稀释的氯吡脲溶液蘸抹，促进发枝补冠；或即将发芽时，在两侧选择合适芽位的芽定点蘸抹，促进均匀发枝。

3. 在红阳品种上的应用

红阳品种结果后生长势转弱，出现大量封顶结果枝，架面枝量少，光秃裸露，造成日灼严重（这也是其对溃疡病抗性差的一个间接原因）。针对此，可在幼树整形期选择主蔓上合适的芽位，于现蕾后摘除花蕾，蘸抹氯吡脲20~30倍液，促发健壮结果母枝；树体成形后，于现蕾期在结果母枝基部选择1~2个结果枝摘除花蕾，蘸抹氯吡脲20~30倍液（可添加杀菌剂200倍液），促发健壮营养枝，作为下一年的结果母枝（更新枝），轮流结果，增加新生枝量，增强树体生长势。对新枝适当遮阴，可预防日灼发生。

三、疏花疏果、控制产量

在生产中应注意疏花疏果，合理安排产量以保证果实品质。

1. 疏蕾

疏蕾通常在4月中下旬开始当结果枝生长量达到50厘米以上时，

或者侧花蕾分离后 15 天左右即可开始疏蕾。在早期疏除侧花蕾，保证主花蕾的发育，一般在能分辨花蕾大小时进行。花蕾完全展露后，疏去侧蕾、畸形蕾、小蕾或病虫蕾。

2. 疏果

花后 10 天疏果，结果节位中部的果实其果形最大，品质最好，先端的次之，基部的最差。而在同一花序中，中心花结的果实品质比侧花结的果实品质要好。因此，疏果时根据这一特性，同一花序上疏除侧花果，保留主花果，同一结果枝上，先疏除结果部位基部和先端的果实。疏果时的留果量要比计划产量适量多留 10%左右。新西兰中果型品种的叶果比为 4∶1，大果型品种的叶果比为 6∶1。

我国选出的大多数品种和品系，是以短果枝和中果枝为主，其叶果比一般为 4∶1 左右。疏果时期要早，在谢花后 1 个月内需完成。谢花后 15 天，首先疏去畸形果、病果、小果，然后根据树势、管理水平、树龄确定产量，把握“壮树壮枝多留果，小树弱枝少留果”的原则，疏去多余的果，疏果务必一次性疏完。一般来说，弱果枝留果不能超过 2 个，中庸枝留果 3~4 个，强壮枝留果 5~6 个。

3. 留果标准

（1）依树龄确定留果标准

1）3 年生初果期树留果标准：3 年生初果期树，中等肥力条件，每公顷产量一般为 3750~6000 千克，株产 2.5~5 千克。按照生产经验，单株留果量宜为（2 次疏果后的定果量）20~35 个，这样果实的单果重可达 125~150 克。若土壤条件、树势基础和管理水平较高，果实平均单产可上浮 20%；如果树势较弱，其平均单产量应至少下调 20%。

2）4 年生树留果标准：一般中等管理水平，每公顷产量为 7500~15000 千克，株产 10~15 千克，单株留果量为 60~90 个，单果重 125~150 克。

3）5 年生及以上盛果期树留果标准：每公顷产量为 26250~33750 千克，株产 20~40 千克，单株留果量为 120~250 个，单果重 125~150 克。

（2）依栽植密度确定留果标准 以3米×2米的行株距为例，雌雄比为（7~8）：1，每公顷雌株按1500株计算，3年生树平均每公顷产量为4500千克，株产即为3千克；4年生树平均每公顷产量为11250千克，株产即为7.5千克；5年生及以上盛果期树平均每公顷产量为30000千克，株产为20千克。同理，4米×3米或3米×3米的行株距依不同树龄、每公顷雌株数，按每公顷产量平均额定产量，可求出单株载果量；依商品果单个果重标准125~150克，最终确定各不同树龄及行株距单株所确定留的果实个数。

（3）按叶果比确定留果标准 叶果比为（4~6）：1，以短果枝结果的品种为4：1、中果枝结果的品种为5：1、长果枝结果的品种为6：1作为留果标准，可以保证果实品质。猕猴桃的大多数品种在叶果比小于（4~5）：1时，即出现果实单果重小、果实品质下降、第2年产量下降等问题，所以在留果时要注意同枝蔓或附近能提供营养的叶面积大小，不要摘心过重。对过密的短果枝进行疏剪，一般保留每个结果枝的枝距为30厘米，疏果后使8~9月叶果比达到4：1；另外使架面下透光率达到光暗交错状态，才能产出优质果和精品果。

（4）按经验确定留果标准 按经验确定留果在开花后期到末期进行，其标准为：健壮果枝留5~6个，中等果枝留3~4个，弱枝蔓留1~2个。考虑到风害、病虫害等自然因素对各栽植密度树体生长的影响，在树体载果量允许范围内，稀植园单株预留蕾果数可高出定果（产）的30%；密植园单株预留蕾果数可高出定果标准的20%，但在定果后，务必遵循各不同密度单株规定留果量及株产标准。

四、果实套袋，改善外观

日本是最早实施水果套袋技术的国家，我国从20世纪90年代初从日本等国引进该项技术，至目前已进入大面积推广阶段。随着人们生活水平的提高，对水果的需求已从“产量时代”跨入“质量时代”，追求优质果品、保健果品、无公害果品已是时代的潮流。而水果套袋已成为生产优质高档果品和绿色果品的一项必要配套技术。果实通过套袋可使果面干净，降低果实病虫害的感染率，降低农药残留，减少果实之间及果实与叶片之间的摩擦伤疤，防止日灼，提高果实品质。

套袋是猕猴桃的一项保护措施，用纸袋给果实建立一个无菌生长环境，不受病原菌、虫害的侵染，生产的果实整齐干净，绿色无污染，商品外观好，经济效益高，适宜于中华猕猴桃、美味猕猴桃的所有品种。套袋技术流程为：选袋、定果、杀菌、套袋、补套。果实套袋时间要根据栽培品种的开花坐果习性确定。

1. 选袋

目前猕猴桃生产中主要使用的为单层米黄色薄蜡质木浆纸袋，长15 厘米左右，宽 11 厘米左右，上口中间开缝，一边加铁丝，下边一角开口 2~4 厘米，透气性好，有弹性，防菌、防渗水性好。日本采用的具有隔水性能的白色石蜡袋，效果也很好。

2. 定果

根据树体生长情况和果园管理水平，确定留果量。定果采用休眠期短梢修剪的猕猴桃，尽量保留结果枝，每个结果枝留 3~4 个果实，疏除多余的果实。采用长梢修剪的猕猴桃，疏除结果母枝基部生长较弱的结果枝上的果实，其余的结果枝留 2~3 个果实，结果母枝中间部位不能正常抽生结果枝的，可以在稀疏的结果枝上留 3~4 个果实。树体较弱、受伤的结果母枝要适当少留果或不留果。及时疏除病虫果、畸形果、磨斑果、营养不良果。疏果时，先内后外、先弱枝后强枝。幼园树根据结果母枝强弱，每个结果母枝留 2~3 个结果枝，每个结果枝留 2~3 个果实。

3. 杀菌

可喷施 20%的灭扫利 2500 倍液+甲基硫菌灵或多菌灵等广谱性杀菌剂，以控制金龟子、小薪甲、椿象、蚧壳虫等害虫，防治果实软腐病、灰霉病等病害。禁止使用高毒高残留农药，正确使用植物生长调节剂。重点喷果实，杀死果面菌、虫等。

【注意】

喷药几小时后方可套袋。若喷药后12小时内遇上下雨，则要及时补喷药剂。露水未干不能套袋。

4. 套袋

套袋时严格选果，中长壮枝宜多套，剔除病虫果，每个花序只套1个果。1株树或1片园套与不套要有统一安排，不可有的套袋有的不套袋。套袋前一天晚上应将纸袋置于湿地方，使袋子软化，以利于扎紧袋口。套袋操作步骤如下：左手托住纸袋，右手撑开袋口，使袋体鼓胀，并使袋底两角的通气放水孔张开；袋口向上，双手执袋口下2~3厘米处，将幼果套入袋内，使果柄卡在袋口中间开口的基部；将袋口左右分别向中间横向折叠，叠在一起后，将袋口扎丝弯成V形夹住袋口，完成套袋。

【注意】

套袋时用力要轻重适宜，方向要始终向上，避免将扎丝缠在果柄上，要扎紧袋口。这样操作的目的在于使幼果处于袋体中央，并在袋内悬空，防止袋体摩擦果面和避免雨水漏入、病原菌入侵和果袋被风吹落。

套袋应在落花后50天左右套完。早熟品种红阳从6月上旬开始至中旬结束；晚熟品种海沃德、徐香等在6月中旬~7月上旬，用10~15天时间套完。套袋过早，容易伤及果柄果皮，不利于幼果发育；套袋过晚，果面粗糙，影响套袋效果，果柄木质化不便于操作。套袋应在早晨露水干后，或药液干后进行，晴天一般以上午9:00~11:30和下午4:00~6:00为宜，雨后也不宜立即套袋。采收前3~5天去袋，或连果袋一起采收。绑于结果枝上的果袋，首先托住果袋底部，松解果袋扎丝，旋转果袋连同果实一同摘下。绑于果柄的可拖住果袋底部旋转，连同果实一同摘下。采下的果实轻轻解袋、脱除，然后分级。

建立与套袋栽培相适应的技术体系。一是品种优良。二是提倡人工授粉，务必严格疏果、控量增质。三是依套袋要求改变用药制度，强调套前防治，冬前或发芽前施用石硫合剂，果同病虫害严重时落花后和套袋前还要喷药 1~2 次。四是合理施肥，控制氮肥用量，增施磷、钾肥，以厩肥为主、化肥为辅，有机肥用量应为果量的 2~3 倍，并于采果后早施。五是水、氮肥主要用在前期，套袋前全园灌水 1 次，追肥 1 次，以利于果实膨大；后期增施磷、钾肥，严格控氮、控水，应多次喷肥。六是适当晚采，增糖提质。

第七章
猕猴桃 GAP 病虫害防治

第一节　猕猴桃病虫害防治中存在的问题

一、缺乏预测预报

目前，对于陕西关中猕猴桃园常发生的 10 种病虫害的测报方法比较粗放，以调查为主，不够精准。如小薪甲的测报方法是从 5 月下旬开始，选择有代表性的果园 2～3 个，每个果园选 5 株树，每株树按东、南、西、北、中 5 个方位，共调查 100 个果实，3 天调查 1 次，当相邻果缝隙处虫量增多时（平均 1 头以上）立即开展防治。对于桑盾蚧的测报方法是每年 4～5 月普查，每个果园单对角线 3 点取样，每点调查 5 株，共调查 15 株树，每株调查 10 个枝，计算虫枝率，平均虫枝率 10%，确定为防治园。5 月 1 日开始定点观测，3 天 1 次，监测初孵若虫爬出介壳时间，确定防治适期。对于猕猴桃溃疡病的测报方法则是从 2 月下旬开始，选择上一年发病重的果园，每个果园调查 50 株树，5 天调查 1 次，发现病株立即用药防治。

准确测报是做好防治工作的基础，为加大测报工作力度，应及时、准确地掌握猕猴桃病虫害发生动态。设立系统观测点，建立健全各级测报网点，制定定期汇报制度，立足实际，结合定点系统观察与大田普查，认真汇总分析，准确预测预报，科学指导防治。

对于猕猴桃病虫害，应加强其监测调查工作。根据病虫基数，结合气象预报资料，做好病虫害预测预报，提前准备，指导防治。鉴于溃疡病对猕猴桃产业的重要危害，制定溃疡病监测、预测和预报措施，对陕西省及其他省份的猕猴桃产业发展极其重要。溃疡病可通过苗木进行人为传播，应建立无菌母本园，并对苗木进行溃疡病分子监测，防止因苗木带菌造成溃疡病的传播流行。病原菌非常微小，繁殖、扩散时肉眼不可见，等肉眼看到植株症状时，病原菌已侵入树体，防控效果很差；利用溃疡病分子鉴定技术，提取 DNA，可以对“痕量”病原菌进行检查，做到早发现、早治疗。建立预测模型，以温度和降雨为主要因子，建立溃疡病侵入关键期预测模型，只要将未来几天的天气数据输入模型，即可推测溃疡病的侵入概率，指导产业防控措施。目前新西兰已经建立了类似模型，产业应用效果明显。为了更好地对猕猴桃溃疡病进行监测和预测预报，专家建议应将溃疡病的早期监测列为猕猴桃主产区的常规监测。同时，组织省级专家团队、科研院所，联合气象部门、农业推广部门，共同制定溃疡病预测预报模型，建立溃疡病监控平台，加大低成本、可复制的综合防控技术在产区的推广应用。

二、用药不对症

安全使用农药是提高农产品质量的需要，是控制农药污染、改善生态环境、实现猕猴桃产业可持续发展的需要，更是保证人民群众生命健康的需要，因此，病虫害防治中应慎用有机磷和复配制剂农药。猕猴桃叶面积吸收大，对化学农药较敏感，叶面喷雾应选用拟除虫菊酯类单剂农药，多种药剂、微肥混合使用时切勿随意增大浓度，以免造成药害。禁止使用膨大剂，增施生物菌肥和有机肥，逐步提高猕猴桃品质，促进产业的可持续发展。

猕猴桃常见病害为侵染性病害，主要分为真菌性病害和细菌性病害。病害识别首先是看症状类型，共分成 5 类：腐烂、坏死、变色、萎蔫、畸形。真菌种类较多，不同真菌能够造成以上 5 种类型的症状，最常见的是坏死和腐烂。细菌常破坏细胞壁，使细胞内的物质外渗或者阻碍水和营养物质在植物体内运输，从而造成腐烂、萎蔫症状。猕猴桃常见的真菌性病害主要包括褐斑病、灰霉病、炭疽病、根腐病、软腐病和黑斑病；猕猴桃常见的细菌性病害主要有溃疡病和花腐病。针对以上常见的真菌性和细菌性病害，可以选用不同的农药进行防治（表 7-1）。

表 7-1 猕猴桃常见的真菌性和细菌性病害类型及用药

病原		病害	农药
真菌	半知菌	褐斑病	三唑类杀菌剂、嘧菌酯、噻菌灵
		灰霉病	异菌脲、嘧霉胺、腐霉利
		炭疽病	嘧菌酯、咪鲜胺、吡唑醚菌酯
	担子菌	根腐病	甲霜灵、噁霉灵
	子囊菌	软腐病	甲基硫菌灵、异菌脲
		黑斑病	嘧菌酯、苯醚甲环唑
细菌		溃疡病	春雷霉素、噻唑锌、噻菌铜
		花腐病	春雷・噻唑锌、铜制剂

现以猕猴桃生产中的两种主要病害（溃疡病和黄化病）为例来说明对症用药的重要性。目前，大多数果农对猕猴桃溃疡病存在以下三大认识误区。

1. 枝干发病都认识，叶片发病就不认识了

萌芽后细菌转移到叶片、花蕾后，枝干发病减轻，果农就误认为溃疡病治住了，万事大吉，很少有人去治疗叶片上的溃疡病，大多数人不认为叶片的症状是溃疡病，乱用药，贻误了防治溃疡病的有利时机。

2. 只重视休眠期防治，不重视生长期防治

编者在调研果农是如何防治溃疡病时发现，99%的果农是等落叶后才开始防治溃疡病，问为什么，回答是溃疡病 2~3 月发生，就要在落叶后的 12 月提前预防。事实上，落叶后果树进入休眠期，树液不再流动，树皮老化不能吸收药剂，药剂不能吸收就不能传导，从而不能到达病原菌所在的部位将其杀死。因此猕猴桃溃疡病防治只有掌握好防治时间，才能达到好的防治效果。

3. 简单地把溃疡病当成腐烂病去治

果农对防治腐烂病比较熟悉，溃疡病也有腐烂症状，发生时期都是春季果树萌芽前，很容易仿照防治腐烂病的办法去防治溃疡病。但溃疡病与腐烂病是完全不同的两种病害，腐烂病是真菌性病害，溃疡病是细菌性病害。腐烂病是病原菌孢子黏附在树皮上，侵入皮层潜伏，温度合适后从外向内扩展危害，溃疡病是细菌藏在树皮组织内越冬，春季温度合适后繁殖危害韧皮部薄壁细胞，从内向外流汁液。针对不同的病原菌种类和危害方式，其防治方法肯定不同。

只有了解了溃疡病的发生规律，才能找到最佳的防治办法。防治的重点应放在萌芽后的叶片、花蕾上，持续防治，压低叶片细菌发生率，降低叶片细菌数量，使叶片脱落前不能把大量细菌转移到枝干，在枝干内越冬的细菌数量减少到不能造成发病的量的时候，枝干就不发病了。

又如猕猴桃黄化病，按照原因来分析，猕猴桃适宜栽植的土壤 pH 为 5.5~6.5。土壤 pH 偏高（碱性）或土壤中重碳酸根含量偏高，铁元素被固定，根系不能吸收利用；或土壤中铁元素缺乏，根系无法吸收铁元素，而铁是果树叶片形成叶绿素所必需的元素，故而缺铁时会引起叶片黄化。根系不发达、根毛少、腐根多等都容易出现黄化现象。猕猴桃根部病害如根腐病、根结线虫病等的发生，干扰和破坏了根系吸收和合成利用土壤中各种矿质营养元素的功能，于是根部由病理性病害引发生理性缺素症，造成树上叶片黄化。此外施肥不当也有可能造成黄化问题。

因此，黄化病的防治要点是增强树势、改良土壤、改善根际环境、促进生根，同时增强树体免疫力和抗逆性。猕猴桃建园时，土壤 pH 以 5.5~7.5 为宜，应尽量选择土层深厚、土壤肥沃、通透性良好的沙壤土田块。适当增加中微量元素、有机肥和生物菌的施入量。

三、忽视综合防治

陕西省大约有 20 年的猕猴桃栽培历史，但是在猕猴桃园的栽培管理中也存在一定问题：一是追求高产，树体严重超载，挂果过多造成树势衰弱、抗病性降低，果实可溶性固形物含量下降，果品质量降低。二是重视化学防治，忽视综合管理。针对果园出现的病虫害反复打药，各种新药轮换使用，但效果不佳。三是重视地上管理，忽视地下管理。在猕猴桃园区重视修剪，摘心、绑蔓也很重视，但地下管理粗糙，经常使用化肥。四是对于猕猴桃病虫害发生规律缺乏了解，防治不得法。

鉴于目前猕猴桃病虫害防治中出现的问题，应该积极引导果农，加强病虫害的综合防治。

1. 要重视病虫害的基础预防技术

猕猴桃遭遇病虫害的频率不高，但基础预防工作不容忽视。一是在猕猴桃的生长季节，可以喷洒 75%的百菌清 1000 倍液。二是在猕猴桃进入冬季休眠阶段后，可以喷洒 5 波美度的石硫合剂 1 次。三是在春季萌芽时期，可以喷洒乐斯本来预防虫害。需要注意的是，不同时期的农药喷洒，都要间隔 20～30 天。此外，还要做好根腐病的预防工作。当发现猕猴桃植株出现根腐病的症状时，要挖开根部周边的土壤，使根部和外界进行足够的接触，然后剪除发病的根系，再用消毒溶液对有根腐病的根系进行消毒处理，并在根部涂抹石硫合剂原液，达到治疗根腐病的目的。在秋季清园时，要将修剪下来的枝蔓、落叶及杂草等集中焚烧，用波尔多溶液涂抹枝干，也可地面浇灌 1 次。

2. 要重视典型病害的综合防治技术

猕猴桃溃疡病一般多发于 2 月下旬~3 月上旬，随着温度升高溃疡状况会逐渐减弱，在 9 月温度稍降后会再次蔓延。病原菌侵入后 3~5 天会出现水渍症状，产生白色菌脓。病原菌能够通过风雨、昆虫等传播，传播感染能力强，对猕猴桃的危害大。对于溃疡病应该双管齐下，及时预防的同时抓紧治疗，对植株进行修剪后可以喷洒 3~5 波美度的石硫合剂，然后在果树生长季节喷洒链霉素、禄亨 6 号等进行治疗。花腐病也是猕猴桃的常见病症之一，由细菌引起，一般在 3 月（即开花时期）对花蕾进行侵染，经过潜伏期后，在开花时大规模暴发、腐烂。要预防花腐病，首先应该加强果园的灌溉和施肥管理，为花蕾提供较好的通风条件；然后在猕猴桃萌芽时期对果园喷洒 2%春雷霉素可湿性粉剂 400 倍液，并将感染的病蕾病花摘除；最后，还可以喷洒噻唑锌、可杀得等进行花腐病的预防。

3. 要重视典型虫害的综合防治技术

猕猴桃较易遭受的虫害有苹小卷叶蛾和根结线虫两类。苹小卷叶蛾多发于春季猕猴桃萌芽时期，幼虫蛰变为成虫后大量产卵繁殖，从而伤害猕猴桃幼果的果皮。应对苹小卷叶蛾多采用诱杀的方式，将糖、醋、水按照 0.5：1：1 的比例混合制成糖醋诱液悬挂在猕猴桃枝条上，诱出苹小卷叶蛾的成虫并将其杀害。在诱杀的过程中要注意随时拣出成虫，添加药液，避免药液过度蒸发。根结线虫病主要危害猕猴桃的根部，容易导致猕猴桃的叶芽发黄、果实味道变差，严重的还会影响猕猴桃根部功能，导致猕猴桃幼苗的死亡。对于根结线虫病，首先要做的是在栽培时选取抗病性能强的品种；其次是套作对根结线虫生长有抑制作用的植物，如万寿菊等，降低根结线虫病的发病率；最后是及时发现染病植株，将病株剪除、焚烧，防止虫害蔓延。

猕猴桃园病虫害通常混合发生，必须做好周年综合防治。以下是猕猴桃病虫害的周年防治方案，可供参考。

（1）12 月~第 2 年 2 月的防治　刮除粗老树皮，修剪果树枝条（在 12 月下旬~第 2 年 1 月伤流期前完成），剪除病虫枝条，清除落叶、残枝、枯草等，粉碎堆沤、放入沼气池或深埋。全园树干涂白（落叶后尽早进行，涂白剂按照水 10 份、生石灰 2 份、食盐 0.5 份、石硫合剂 1 份或硫黄粉 25 克进行配制）。

（2）3 月的防治　萌芽前全园喷布 3~5 波美度石硫合剂。检查溃疡病是否发生，猕猴桃树干上溢出菌脓时，先用刀纵横划几道，后使用溃腐灵原液+有机硅涂抹，或 20%速补可湿性粉剂 800~1000 倍液+渗透剂 5 毫升（加水 15 千克），间隔 10~15 天喷 1 次，连续喷 1~2 次。剪除发病严重的枝条，及时追肥灌水，防止晚霜危害。也可以用抗生素类如春雷霉素、宁南霉素、中生菌素等防治。

（3）4~6 月的防治　花前、坐果后和套袋前各喷 1 次杀虫杀菌剂，一般杀虫剂选用苦参碱、Bt 乳剂、乐斯本、功夫、甲蟠净等，杀菌剂选用易保、农抗 120、世高、仙生、多菌灵、大生 M-45、安泰生等，注意交替用药。及时追施壮果肥，及时摘心剪梢。花前应对易感花腐病的红阳、华优、翠香等品种做好花腐病的预防工作，药剂可交替使用抗生素类如春雷霉素、宁南霉素、中生菌素，也可用铜制剂类等预防花腐病的发生，间隔 7～10 天喷 1 次，连续喷药不少于 2 次。

（4）7~8 月的防治 及时灌排水、中耕松土，在行间生草，注意防止高温危害。视病虫发生情况适时用药杀虫、杀螨、杀菌。

（5）9~11 月的防治 适时采收，减轻树体负担，恢复树势。注意连日阴雨天做好排水工作。根据叶片情况适时使用杀菌剂喷克、代森锰锌等预防褐斑病等。预防溃疡病，可使用铜制剂类（可杀得 3000、噻菌酮、铜大师、王铜、波尔多液等）与抗生素类（农用链霉素、春雷霉素等）交替喷布，每 15 天对全园及土壤喷 1 次，连喷 3~4 次。

四、对猕猴桃病虫害研究不深入

在猕猴桃生产中，由于土壤质地和园地管理水平等因素，猕猴桃树会表现出一些缺素症状，植株生长不良，导致猕猴桃园出现产量降低、果实商品性变差的现象，造成果农的经济效益下滑。因此，要及时对各种缺素症开展防治。

目前，国内外学者已经对猕猴桃溃疡病进行了大量研究，并取得了一定的研究成果。然而，由于试验具有偶然性、实践具有区域差异和实效性，相关研究成果在现实中的应用效果并不理想。同时，由于猕猴桃种植区域和研究机构都较为分散，彼此之间未形成合力，种植与科研联系不紧密，无法实现及时的成果共享，也在一定程度上制约了猕猴桃溃疡病防治新技术的推广和转化。此外，猕猴桃种植户的技术水平普遍不高，影响猕猴桃的园内管理，也不利于猕猴桃溃疡病的防治。在猕猴桃溃疡病的未来研究方向上，应着重开展猕猴桃细菌性溃疡病病原菌检疫隔离措施、病原菌与寄主的互作机理、抗病品种筛选、生物试剂和低成本生物防治技术等研究。

第二节　提高病虫害防治效果的方法

一、综合防治是最有效的对策

猕猴桃的病虫害防治工作应全面贯彻“预防为主，综合防治”的植保方针，因时、因地制宜，建立安全、经济、有效的综合防治体系。

需要结合预防为主、整合防范的原则，工作人员要结合常见病虫害的特点对症下药，积极选择农业、物理、生物及化学方式进行防治，切忌使用毒性强的违禁农药。

1. 农业防治

1）选择排灌便利的坡地或平地建园，避开风道、霜带、土壤黏重、地势低洼或山脚下窝水地块。

2）地势平坦或土壤黏重、积水的地块采用高垄栽培，垄高 30 厘米以上，有利于排水。

3）选育对病虫害抗性强的优良品种。例如，猕猴桃溃疡病已证明与猕猴桃品种有关，其中中华猕猴桃被证实大部分属于对溃疡病感病或中抗，国内主栽品种红阳被证实对溃疡病高感，而海沃德、华优、秦美、翠香等被认为对溃疡病中抗或中感，因此建议在建园初期就选育抗性较好的品种。

4）加强管理，增强树势。有机肥要用腐熟的，以免金龟子等地下害虫危害。施氮肥不可晚于 7 月 10 日，秋施磷钾肥，避免贪青徒长，促进枝条充实。建园时完善排灌设施，避免雨季渍涝，春秋干旱季节保证及时灌水。控制田间杂草高度，防止田间郁闭，与果树争光、争肥水。对已环绕病茎 1 周的茎基腐病幼树及时平茬，促进新枝早萌发。

5）清洁果园，减少虫源、菌源。剪除密布蚧壳虫的枝条，及时摘除感染灰霉病、白粉病等病害的叶、花、果，带出园外处理。

2. 物理防治

1）人工捕捉害虫：巡视果园，人工捕捉或剪除零星发生的美国白蛾网幕和群集危害的刺蛾、金龟子成虫等害虫，带出园外集中杀死。发现有虫粪堆积的肿胀树干，用铁丝钩杀其内部的蝙蝠蛾幼虫。

2）灯光诱杀：在果园四周安装诱虫灯，诱杀大青叶蝉、金龟子、刺蛾、美国白蛾等鳞翅目蛾类成虫。同时对因灯光诱集来的在灯下方树上的害虫用药剂防治。

3）防寒：在1~3年生猕猴桃茎基部包裹稻草、玉米秸秆等防寒物，可预防茎基腐病，也可防止大青叶蝉产卵。

3. 生物防治

1）防治猕猴桃溃疡病的生防制剂，如植物来源的乙蒜素，微生物来源的内生放线菌、生防芽孢杆菌及抗菌肽，海洋动物来源的壳寡糖等，更有利于环境友好，建设绿色生态。

2）防治叶螨、蚜虫可选用植物源杀虫剂苦参碱喷雾。

3）防治鳞翅目害虫，如猕猴桃园人纹污灯蛾，可选用苏云金杆菌（Bt）制剂在傍晚或阴天喷雾防治。

4）防治蛴螬、地老虎等地下害虫可选用白僵菌、绿僵菌进行土壤处理。

4. 化学防治

1）2月下旬~3月中旬，猕猴桃正处于萌芽期。在成虫发生期利用金龟子、柑橘大灰象甲的假死性，于清晨或傍晚振动枝干，成虫即落地，集中捕杀并及时剪除被钻心虫危害的嫩梢。全园喷布3~5波美度的石硫合剂。

2）4月底~5月中旬，猕猴桃正处于花期。为预防细菌性花腐病、溃疡病的发生，于初现花蕾时喷1次0.1~0.2波美度的石硫合剂或1：1：100的波尔多液等。

3）6~7月，猕猴桃正处于幼果膨大期。注意对黑尾大叶蝉、二星叶蝉等刺吸式口器害虫的防治，可喷布10%的联苯菊酯乳油4000倍液或10%的吡虫啉4000倍液，可兼治小薪甲、蚧壳虫和红蜘蛛；在猕猴桃园附近挂诱蛾灯或频振式杀虫灯，可诱杀趋光性强的蛾类、金龟子类等害虫。

4）9~11月，猕猴桃正处于果实成熟期。此期要注意溃疡病的

防控，可用20%的噻菌铜悬浮剂400倍液，或77%的氢氧化铜可湿性粉剂300倍液，对叶面、枝干等部位进行喷雾。

5）12月~第2年1月，猕猴桃正处于休眠期。此期要结合冬季修剪，剪除病虫枝，刮去树干老翘皮，并清除田间枯枝、落叶、烂果，铲除杂草，全部带出果园集中深埋或烧毁（发生溃疡病的需烧毁）。

化学防治应科学合理，控制用药次数，延缓病虫害抗药性的产生，减少农药残留。

二、主要病害及其防治

1. 褐斑病

【症状识别】 褐斑病发病初期，在叶片边缘产生近圆形暗绿色水渍状斑，在多雨高湿的条件下，病斑迅速扩展，形成大的近圆形或不规则形斑。后期病斑中央为褐色，周围呈灰褐色或灰褐相间，边缘为深褐色，其上产生许多黑色小点（彩图23、彩图24）。

【发病规律】 褐斑病是造成猕猴桃落叶落果的主要原因之一，主要危害叶片。叶片抽梢现蕾期开始发病，初为褐色小斑点，后扩大为圆形或近圆形的黄褐色大斑，潮湿条件下病部产生黑色稀疏霉层，病叶枯萎脱落。5~6月病原菌由叶背面开始入侵，到7~8月叶部症状明显，开始是小病斑，后逐步扩大，后期叶片干枯，大量脱落。

【防治方法】 褐斑病发病初期选用甲基托布津、代森锰锌、杜邦福星、必得利、好力克等防治，间隔10~15天连喷2~3次，开花前后各喷1次，7~8月连喷2次即可。冬季彻底清园，将修剪下的枝蔓和落叶打扫干净后，结合施肥埋于坑中。清园结束后，用5波美度的石硫合剂喷雾植株，杀灭藤蔓上的病原菌及螨类。

2. 灰霉病

【症状识别】 灰霉病主要危害叶片和果实，被侵染的叶片从叶边缘或叶尖开始发病，出现褐色，略具轮纹状，潮湿时上面着生大量灰色霉层（彩图25、彩图26）。幼果感病时，发病初期，幼果茸毛变褐，果皮受侵染；发病中后期，果实局部腐烂，造成落果。

【发病规律】 病原菌以菌丝体在病部或腐烂的病残体或落入土壤中的菌核越冬，条件适宜时产生孢子，通过气流和雨水溅射进行传播。15~20℃时，持续高湿、阳光不足、通风不良时易发病，湿气滞留时间长，发病重。

【防治方法】 盛花末期，喷施50%的多菌灵可湿性粉剂800倍液，或70%的代森锰锌可湿性粉剂600~800倍液，隔7~10天喷1次。加强栽培管理，增强寄主的抗病性，雨后及时排水，严防湿气滞留。

3. 炭疽病

【症状识别】 炭疽病发病初期呈水渍状，后变为褐色不规则形病斑，病斑中间变为灰白色，边缘为深渴色。受害叶片边缘卷曲，干燥时叶片易破裂，病斑正面散生许多小黑点（彩图27）。果实染病初期，绿色果面出现针头大小的浅褐色小斑点，后期病斑逐渐扩大，变为褐色或深褐色。果肉变褐腐烂，可烂至果心（彩图28）。

【发病规律】 病原菌主要在病残体或芽鳞或腋芽等部位越冬。第2年春季嫩梢抽发期，产生大量分生孢子，借风雨飞溅到嫩叶上进行初侵染和多次再侵染。病原菌从伤口、气孔侵入或直接侵入植物组织，有潜伏侵染现象。

【防治方法】 发芽前，全园喷1次5波美度的石硫合剂。谢花后和套袋前可喷1次50%的多菌灵可湿性粉剂600倍液，或70%的甲基硫菌灵可湿性粉剂800~1000倍液进行防治。及时摘心绑蔓，使果园通风透光，合理施用氮、磷、钾肥，提高植株抗病力。注意雨后排水，防止积水。结合修剪、冬季清园，集中烧毁病残体。

4. 根腐病

【症状识别】 根腐病分为3种：假蜜环菌根腐病、疫霉根腐病、白绢根腐病。

（1）假蜜环菌根腐病 主要危害根颈部和主根。病原菌从根及根颈部侵染后，沿其向上、下蔓延，初期出现褐色水浸状或黄褐色块状斑，继而皮层逐渐变黑软腐，韧皮部从木质部脱落，后期导致整个根系变黑腐烂（彩图29）。树势衰弱，叶色浅黄或生长不良，严重时导致部分枝条或整株死亡。

（2）疫霉根腐病 主要发生在猕猴桃生长旺盛的挂果季节，土壤湿度大时发病重，如遇时雨时晴或雨后连日高温天气，植株会突然萎蔫枯死。发病部位多从根尖开始，然后向上扩展，引起地上植株生长衰弱，萌芽迟、叶片小，并渐转为半蔫半活状态。从根部逐渐蔓延到茎干、藤蔓，此时植株在短期内便转成青枯，病情发展迅速。被害部位呈现水渍状，褐色湿腐，腐烂后有酒糟味，病处长出絮状白色霉状物（彩图 30）。发病后，植株萌芽期延迟，叶片衰弱、枯萎，叶面积减小，梢尖死亡。严重时不能萌发展叶，甚至整株死亡。

（3）白绢根腐病 是造成苗期植株死亡的主要病害，一旦发病很难挽救，染病株根颈部有白色绢状物（彩图 31），叶片萎蔫，最后整株枯死。一般只危害猕猴桃根颈部及其下部 30 厘米内的主根，很少危害侧根和须根。

【发病规律】 根腐病在土壤黏重、排水不良、湿度过大的果园时有发生。病原菌在病根组织内或随病残组织在土壤中越冬，第 2 年生长季在根系生长延伸过程中传播。健康根系与土壤中病根、病残组织接触时被侵染，也可以通过劳动工具、雨水、害虫传播而被侵染。7~9 月高温多雨季节，为发病的高峰期，一般沙土园和肥水管理条件差的园发病重。发病期间，病原菌可多次侵染，10 月以后停止发展，发病株一般 1~2 年后死亡。幼树易发生白绢根腐病，老树易发生疫霉根腐病。

【防治方法】

① 扒土，刮治病部或截除病根。

② 晾根，灌药杀菌。挖出根系后使用青枯立克 200~300 倍液+沃丰素 600 倍液+大蒜油 1000 倍液+有机硅进行灌根，重点在毛细根区和树茎基部，以灌透为目的，药液渗完后薄覆表土。

③ 喷施叶面肥，补充营养。使用沃丰素 600 倍液+有机硅喷雾 2 次，最好叶片正反两面都受药。

5. 软腐病

【症状识别】 软腐病主要危害近成熟期和贮藏期的果实。果实发病初期病斑呈褐色，略微凹陷（彩图 32），果实快速变软，病斑周围呈黄绿色，严重时病健交界处出现水渍状暗绿色晕圈（彩图 33）。

【发病规律】 软腐病是果实生长后期至贮藏期发生的一种病害，细菌多从伤口侵入，果皮虫伤、采果时剪伤，以及果柄脱落处都是病原菌的侵入途径。

【防治方法】 选择晴天采果，轻摘轻放，尽量避免产生机械伤口，选择无病虫及无伤果贮藏。对贮运果在采收当天进行药剂处理后再入箱。常用药剂与浓度为：2,4-D 钠盐 200 毫克/千克加硫酸链霉素 800 倍液，浸果 1 分钟后取出晾干，单果或小袋包装后再入箱。

6. 黑斑病（又称霉斑病）

【症状识别】 黑斑病主要危害叶片，嫩叶、老叶染病初期在叶片正面出现褐色小圆点，直径大约 1 毫米，四周有绿色晕圈，后扩展至 5~9 毫米，轮纹不明显。1 片叶子上有数个或数十个病斑，融合成大病斑呈枯焦状，病斑上有黑色小霉点（彩图 34）。严重时叶片变黄早落，影响产量。

【发病规律】 黑斑病多发生在 7~9 月。病原菌以菌丝在叶片病部或病残组织中越冬，第 2 年春季猕猴桃开花前后开始发病。进入雨季病情扩展较快。

【防治方法】 冬季清园，清除枯枝落叶，剪除病枝。春季萌芽前喷施 3~5 波美度的石硫合剂。幼果期套袋前，施用 70% 的甲基托布津可湿性粉剂 1000 倍液、25% 的嘧菌酯悬浮剂 2000 倍液或 10% 的苯醚甲环唑水分散颗剂型 1500~2000 倍液。

7. 溃疡病

【症状识别】 溃疡病主要危害新梢、枝干和叶片，造成枝蔓或整株枯死。枝干发病多于 1 月中下旬，在芽眼四周、叶痕、皮孔、伤口处出现，病部产生纵向龟裂，溢出水滴状白色菌脓，皮层很快出现坏死，呈红色或暗红色，病组织凹陷成溃疡状，造成枝干上部萎蔫干枯（彩图 35）。叶片染病时，在新生叶片上呈现褪绿小点、水渍状，后发展成不规则形或多角形褐色斑点，病斑周围有较宽的黄色晕圈。

【发病规律】 溃疡病是一种毁灭性细菌性病害。红阳发病最重，发病时间以春秋两季为主，春季最为严重，低温高湿对其发病有利。远距离靠苗木、接穗传播，近距离靠风、雨、叶蝉、修枝剪传播。初发病从 2 月下旬开始，从芽眼、伤口等裂缝流出蛋清状菌脓，撕开表皮，呈橘红色，1 周后菌脓渐变成铁锈红色，病部用手挤压感觉发软，撕开表皮颜色发褐，4 月有枯死现象。

【防治方法】

（1）优选高抗品种 中华猕猴桃被证实大部分属于对溃疡病感病或中抗，而海沃德、华优、秦美、翠香等被认为对溃疡病中抗或中感，因此建议在建园初期选育抗性较好的品种。

（2）选育抗性砧木 选用野生猕猴桃与采用优良抗病品种是防治溃疡病的基础，可以适当选用适宜本地生产的优良抗病品种，如本地常用的海沃德、徐香等。

（3）化学防治 其中防治效果比较理想的化学药剂主要有 36%的三氯异氰尿酸、25%的叶枯唑、80%的波尔多液、1.6%的噻霉酮、20%的噻唑锌、46.1%的可杀得等。但长期使用化学药剂，将会导致病原菌产生抗药性，容易带来严重的环境问题。

（4）田间综合管理

① 加强植物检疫，防止嫁接传染。对首次引进的猕猴桃苗木、接穗等，相关部门应加大检疫力度，严禁从疫区调运易染病原的苗木、接穗，阻止病原传入。

② 清洁果园。冬季对果园进行检查，一旦发现猕猴桃植株感染立刻销毁，杜绝蔓延，及时将带病原菌的枯枝落叶带出园区进行集中烧毁。同时清园后对全园苗木喷洒 5 波美度的石硫合剂，以求最大限度减少侵染源病原菌的传染。

③ 每年 8 月下旬到落叶前 2 周，可选喷 1000 万~1500 万单位农用链霉素 1000 倍液或梧宁霉素 800 倍液或 30%的壬菌铜水乳剂等，连续喷洒 3~4 次；11 月对树干注射 90%的细菌灵原粉 500 倍液，可降低病原菌密度；果树冬剪后，及时喷施 3~4 波美度的石硫合剂。用氨基酸作为母液，配合防冻液、少许盐和油脂涂树干；第 2 年 2~3 月，

发芽前每周应全面检查果园，喷洒20%的噻霉酮600倍液或梧宁霉素800倍液等杀菌剂，连续喷洒2~3次；发病较严重的园区，需将树干从好皮以下处去除并烧毁；树盘地面浇灌勃生水溶肥150~200倍液。

8. 花腐病

【症状识别】 花腐病主要危害花和叶片。病原菌侵入花器后，在花蕾萼片上形成褐色凹陷斑块，当侵入花芽里面时，花瓣呈橘黄色（彩图36），花朵开放时，里面的组织变成深褐色或已腐烂（彩图37），造成花朵迅速脱落，干枯后的花瓣挂在幼果上，一般不脱落。病原菌可从花瓣向幼果上扩展，造成幼果变褐色萎缩、易脱落。扩展到叶片上后，产生黄色晕圈，圈内变成深褐色病斑。

【发病规律】 花腐病病原菌普遍存在于树体的叶芽、叶片、花蕾及花中，一般在芽体内越冬。该病的发病率常受当地气候影响，猕猴桃现蕾开花期气温偏低、雨日多或园内湿度大易发生。病原菌侵入子房后，引起落花，受害果大多在1周内脱落，少数发病轻的果实，出现果皮层局部膨大，发育成畸形果、空心果、裂果。

【防治方法】 改善藤蔓及花蕾的通风透光条件。采果后至萌芽前喷3次1：1：100的波尔多液。萌芽至花期喷洒100毫克/升农用高效链霉素或20%的噻森铜悬浮剂500倍液。在3月底萌芽前和花蕾期各喷1次5波美度的石硫合剂。发病重的果园，在5月中下旬喷洒20%的噻森铜悬浮剂300倍液或5%的菌毒清水剂550倍液。

9. 根结线虫病

【症状识别】 根结线虫病主要危害根系，受害根上产生许多结节状的小瘤状物（彩图38），持续时间长后，造成根部腐烂。染病植株地上部分生长不良，叶小、色浅、易脱落，结果少。

【发病规律】 根结线虫病以成虫、幼虫和卵在土壤中或寄主根部越冬，以幼虫侵染新根，借带病苗木远距离传播。线虫危害的根部易产生伤口，诱发根部病原菌的复合侵染，危害加重。一般6~9月发生。

【防治方法】

（1）加强植物检疫，培育无病苗木 这是新建果园防治根结线虫病的重要措施。

（2）苗木温汤处理　病区苗木定植前，应严格检查，并用温汤或药液处理。例如，用44~46℃温水浸根5分钟，然后定植。

（3）土壤消毒　对发生地育苗的药剂预防在播种前进行，每亩用10%的噻唑膦颗粒剂2千克混入细沙20千克后撒在土壤中，再用铁耙耙表土层15~20厘米，充分拌匀后定植。也可在生长期灌根，不仅能有效控制根结线虫数量，而且能有效抑制根结形成。

10. 白色膏药病

【症状识别】　白色膏药病主要危害枝干或大、小枝，湿度大时叶片也受害，产生一层圆形至不规则形的膏药状物，后不断向茎四周扩展缠包枝干，表面平滑，初为白色，扩展后为污白色至灰白色（彩图39）。

【发病规律】　白色膏药病以菌膜在被害枝干上越冬，第2年春夏季在温度、湿度适宜时菌丝生长形成子实层。担孢子借气流、风雨及蚧壳虫、蚜虫等的爬行传播蔓延，凡蚧壳虫发生严重的果园发病较重，也有病斑上无蚧壳虫，而与粗皮、裂皮等缺硼症伴生。

【防治方法】

（1）及时防治蚧壳虫　萌芽期喷3~5波美度的石硫合剂，或矿物乳油80~100倍液，或用25%的喹硫磷乳油喷布枝干上的虫体。

（2）刮治　刮除枝蔓上的菌膜，再涂抹3~5波美度的石硫合剂或1∶20的石灰乳，或直接在菌膜上涂抹3波美度的石硫合剂与0.5%的五氯酚钠混合剂。

11. 黄化病

【症状识别】　黄化病使猕猴桃嫩梢上的叶片变薄，叶色由浅绿至黄白色，早期叶脉保持绿色，故在黄叶的叶片上呈现明显的绿色网纹（彩图40）。病株枝条纤弱，幼枝上的叶片容易脱落，病变逐渐蔓延至老叶，严重时全株叶片均变成橙黄色以至黄白色。病株结果很少，果实小且硬，果皮粗糙。

【发病规律】　黄化病属生理性病害，主要是缺乏有效铁引起，可造成叶片和果实发黄、发白，口感差，不耐贮存，严重影响商品果率。

整个生长期均可发病，6~7月发生严重，渭河阶地、河谷阶地发生较重，地头田边发生重于园内，土壤pH过高、土质黏重通透性差、栽植过深、低洼易涝、根系发育差、负载量过大的果园容易发生。

【防治方法】

（1）坚持适地适栽 栽培园的土壤pH宜在6.5~7.5之间。

（2）合理负载，增施有机肥 使用酒糟、醋糟等降低土壤pH，活化土壤中的有效铁含量。

（3）叶面喷药在生长期（6~7月）进行 可选用螯合铁肥如叶绿灵、叶绿宝等进行喷雾治疗，间隔5~7天，连喷3~4次。

（4）根施 可在采收后（9月以后）进行根施铁肥。

三、主要虫害及其防治

1. 猕猴桃蛀果蛾

【危害特点】 猕猴桃蛀果蛾只危害果实。蛀入部位多在果腰，蛀孔处凹陷，孔口为黑褐色（彩图41）。侵入初期有果胶质流挂在孔外，此物干落后有虫粪排出。蛀果一般不达果心，在近果心处折转，虫坑由外至内渐黑腐，被害果不到成熟期就提早脱落。

【形态识别】

1）卵为椭圆形，直径0.5毫米左右，乳白色。

2）初孵幼虫体为白色（彩图42），后变成浅红色。头部、前胸背板均为黄褐色。老熟幼虫体长10~13毫米。

3）蛹为黄褐色，长6~7毫米。

4）茧为白色，长约10毫米，丝质，椭圆形，底面扁平。

5）成虫（彩图43）体长5.2~6.8毫米，体色为灰褐色，无光泽。前翅密被灰白色鳞片，翅基部为黑褐色，前缘有10组白色斜纹，腹部为灰褐色。

【发生规律】 猕猴桃蛀果蛾在北方1年发生3~4代，每年的6月，该虫开始在果园产卵，一般是产在果蒂附近。第1代主要危害新梢和果实，第2代主要咬食果实的果皮，并开始蛀入果肉内部，等到害虫成熟，开始爬出孔外，在猕猴桃叶上制作白茧化蛹。到了7~8

月，第 3 代猕猴桃蛀果虫开始危害果实。

【防治方法】

1）建猕猴桃园时，应避免与桃、梨等果树形成混生园，防止食心虫的交错危害。

2）重点防治第 2 代幼虫危害。可在其孵化期喷施 5% 的氯虫苯甲酰胺悬浮剂或 24% 的氰氟虫腙悬浮剂 1000 倍液，共喷 2 次，间隔 10 天喷 1 次，效果较好。

3）其他果树上梨小食心虫防控效果的好坏直接影响猕猴桃果实的受害程度，应综合防治，通盘考虑。

2. 桑白蚧

【危害特点】 桑白蚧以若虫及雌成虫群集固着在枝干上吸食养分。严重时枝蔓上似挂了一层棉絮。被害枝蔓往往凹凸不平，发育不良（彩图 44），严重影响了猕猴桃树的正常生长发育和花芽形成，削弱了猕猴桃树势。

【形态识别】 雌虫介壳为灰白色，长 2~2.5 毫米，近圆形，背面隆起，有明显螺旋纹，壳点为黄褐色，偏生于壳的一方。介壳下的雌虫体为橙黄色，体长约 1.3 毫米。宽卵圆形，无足，虫体柔软。雄虫介壳为灰白色，长约 1 毫米，两侧平行，呈条状，背面有 3 条突出隆背，壳点为橙黄色，位于壳的前端。从雄虫壳下羽化出的雄成虫具有卵圆形灰白色翅 1 对，体为橙色或橘红色，体长 0.65~0.7 毫米。雄虫腹部末端有 1 个针状刺。

【发生规律】 桑白蚧以成虫和若虫寄生于猕猴桃主干和枝条上吸食汁液，一般多集中在枝条分叉处，严重时白色虫体布满整株，远看树干像涂白一样，导致树势逐年衰弱，目前已上升为猕猴桃第二大虫害。该虫在陕西周至 1 年发生 2 代，猕猴桃芽萌动后开始吸食汁液，虫体膨大。5 月上旬产卵于雌虫介壳下，每雌虫产卵 40~200 粒，第 1 代若虫 5 月中下旬出现，并分布在树干上，是防治的关键时期，若虫出来后 7~10 天开始产生白色分泌物，影响防治效果。6 月中下旬雄成虫羽化，7 月上旬前后产第 2 代卵，7 月下旬出现第 2 代若虫，9 月下旬~10 月初雌成虫交尾受精后越冬。

【防治方法】

1）对发生轻的果园，冬季或早春萌芽前用硬毛刷子抹擦密集在树干上或枝条上的越冬桑白蚧。

2）萌芽前喷洒5波美度的石硫合剂或40%的速扑杀1500倍液。

3）5月中下旬、7月上中旬在第1代、第2代初孵若虫形成介壳前，农药易于接触虫体，且若虫抗药性低，是防治桑白蚧的最佳时期。防治药剂可选用30%的蜡蚧灵1000倍液、40%的乐斯本1500倍液、功夫2000倍液等。

3. 金龟子

【危害特点】 该害虫属于食叶性害虫，危害嫩叶及花。明显症状是叶片有孔洞和缺刻现象。

【形态识别】 金龟子成虫壳坚硬，表面光滑，有光泽。多在傍晚和夜间活动，有趋光性。受惊后落地，有假死性。幼虫即蛴螬体白，长3~5厘米，头为黄棕色，身体常弯曲，背上多横纹，尾部有刺毛。猕猴桃园常见4种金龟子。

（1）白星花金龟子（彩图45） 成虫体长16~24毫米，椭圆形，全身黑铜色，具有绿色或紫色闪光，前胸背板和鞘翅上散布众多不规则白绒斑，腹部末端外露，臀板两侧各有3个小白斑。

（2）苹毛金龟子（彩图46） 成虫体长约10毫米，卵圆或长卵圆形。除鞘翅和小盾片外，全体密被黄白色绒毛，头胸部为古铜色，有光泽，鞘翅半透明，茶褐色，由鞘翅上可出后翅，可折叠成“V”字形，鞘翅上有纵列成行的细小点刻。

（3）黑绒金龟子（彩图47） 成虫体长8~9毫米，卵圆形，全身黑色，密披绒毛，有一定的光泽，触角较小，赤褐色，前胸背板上密布许多刻点，鞘翅上具有纵列刻点沟9条，臀板为三角形，宽大具有刻点，足为黑色。

（4）铜绿丽金龟子（彩图48） 成虫体长约20毫米，长椭圆形，全身背面为铜绿色，有金属光泽。前胸背板密布刻点、两侧近边缘处为黄色。鞘翅为浅绿色、有光泽，上有5条纵隆线。

【发生规律】 大多数金龟子1年发生1代，少数2年发生1代。

1 年发生 1 代的以幼虫在土壤内越冬，2 年发生 1 代的幼虫、成虫交替入土越冬。一般春末夏初出土危害地上部。成虫羽化出土的迟早与春末夏初温湿度的变化关系密切。雨量充沛则出土早，盛发期提前。一生多次交尾，入土前产卵，散于寄主根际附近土壤内。7~8 月幼虫孵化，冬季来临前，以 2~3 龄幼虫或成虫状态包裹在球形的土窝中越冬。

【防治方法】

（1）农业防治措施

① 栽植前对于蛴螬较多的地块，要整地、捡拾虫体。

② 施入果园的有机肥要充分腐熟。

③ 入冬前深耕、深翻。

④ 入冬前大水漫灌，蛴螬不耐水淹。

⑤ 傍晚在树下铺塑料薄膜，摇动树体，利用金龟子成虫的假死性将其捕杀。

（2）利用趋性诱杀

① 趋光性诱杀成虫。安装杀虫灯，1 个杀虫灯的作用范围为 80~100 米，有效面积达 20~30 亩。

② 趋化性诱杀成虫。在果园设置糖醋液盆进行诱杀，糖醋液配方为糖 1 份、醋 2 份、水 10 份、酒 0.4 份、敌百虫 0.1 份。注意下雨时要遮盖。

（3）化学防治

① 杨树把诱杀。金龟子喜欢吃杨树叶片，用长约 60 厘米的杨树带叶枝条，从一端捆成约 10 厘米直径的小把，在 50%的辛硫磷或 90%的敌百虫 100 倍液中浸泡 2~3 小时，挂在 1.5 米长的木棍上，于傍晚分散安插在果园周围及果树行间。

② 花前 2~3 天，用 2.5%的三氟氯氰菊酯乳油 1800 倍液或 50%的辛硫磷乳剂 1500~2000 倍液或 2.5%的氟氯氰菊酯乳油 2000 倍液或 2.5%的溴氰菊酯乳油 2000 倍液或 20%的氰戊菊酯乳油 2000 倍液进行防治。

③ 成虫出土前用 25%的辛硫磷胶囊悬浮剂 100 倍液处理土壤。

（4）生物防治

① 利用苏云金杆菌或者白僵菌灌根或者喷雾。

② 保护天敌。斑鸠、喜鹊、乌鸦、青蛙、蟾蜍等都是金龟子的天敌。

4. 小薪甲（别名：东方薪甲、隆背花薪甲）

【危害特点】 小薪甲以成虫在相邻果实之间危害，猕猴桃果实受害部位出现针眼状虫孔，皮层细胞呈木栓化片状结痂隆起（彩图 49），果肉变硬，果实品质变差，丧失商品价值。

【形态识别】 小薪甲成虫极小，体长 1.3~1.5 毫米，体色为深红褐色，有咀嚼式口器（彩图 50）。

【发生规律】 小薪甲在猕猴桃上 1 年发生 1 代，分布在叶片、果实上，成虫为深红褐色，体小，长近 2 毫米，属鞘翅目、薪甲科，喜群集在果柄周围、萼洼和两果相切处等隐蔽部位活动，是猕猴桃主要虫害。虫量较小时，一般不造成危害，数量大时可造成果面疮痂，严重影响商品果率。据系统监测：5 月中旬末始见，5 月下旬虫量增多，6 月为发生高峰期，7 月中旬后随气温升高，虫量减少，至逐渐消失。成熟期调查，相邻紧贴的双果被害率高达 65%以上，单果被害率较低。

【防治方法】

1）疏花疏果时注意果与果之间的距离，尽量不要留双联果。

2）可选用 2.5%的绿色功夫 2000 倍液、48%的乐斯本 1000 倍液、40%的辛硫磷 1000 倍液等喷雾防治，严重发生年份间隔 10~15 天连喷 2 次。

5. 叶蝉

【危害特点】 叶蝉主要有大青叶蝉、小绿叶蝉、二星叶蝉等，以刺吸式口器刺入猕猴桃的叶片和嫩枝、嫩芽组织内吸取汁液，使被害叶、芽枝形成白色或黄白色斑点（彩图 51）；被叶蝉危害严重时，白点连片，部分或整片叶失绿，从而引起落叶，光合作用降低，导致猕猴桃树势衰弱，产量减少。当叶蝉数量多时，在猕猴桃果面常有虫粪痕迹，污染果面，降低果实品相。

【形态识别】 叶蝉类形体小，成虫体长约 5 毫米，黄绿色，有翅，会迁飞。

【发生规律】 叶蝉 1 年会发生多代，并且若虫和成虫善跳跃，成虫飞翔能力强，因此不好防治。一般叶蝉的卵产在叶片背部和受害枝的伤口处。叶蝉危害时期为每年的 4 月~10 月底，5~9 月是危害的高峰期，其中 6 月中旬为第 1 代虫口高峰，8 月下旬为第 2 代虫口高峰。如果猕猴桃园周边有水稻、花生、豆类等作物，猕猴桃受害更为严重，特别是周边作物收获后，害虫会集中危害猕猴桃。

【防治方法】

（1）农业措施 猕猴桃选地种植时，避免周边种植水稻、花生、豆类作物，并及时清除园内杂草和杂树。冬季清理果园落叶及枯草，结合修剪将过密枝、交叉枝、下垂枝、衰弱枝、病害枝剪除，并且集中烧毁。

（2）物理防治 叶蝉属于趋光性害虫，在园内晚上点上诱虫灯，可诱杀部分害虫。

（3）生物防治 可在果园内释放赤眼蜂和柄翅卵蜂等叶蝉的天敌。

（4）化学防治 在叶蝉发生高峰期前，喷施 50%的杀螟松乳油 1000 倍液，0.5%的藜芦碱可湿性粉剂 600~800 倍液；在叶蝉卵孵化期或若虫盛期，喷施 25%的速灭威可湿性粉剂 600~800 倍液或 20%的害扑威乳油 400 倍液进行防治。

6. 斑衣蜡蝉（俗名：花大姐、花姑娘、花媳妇、春媳妇等）

【危害特点】 斑衣蜡蝉以成虫、若虫刺吸嫩叶和枝干汁液，影响枝叶正常发育，其排泄物易诱发煤污病或导致嫩梢萎缩畸形等。

【形态识别】

1）成虫（彩图 52）全身呈现灰褐色，前翅属于革质，基部大部分为浅褐色，翅面长有很多黑点，端部很少部分为深褐色。后翅属于膜质，基部为鲜红色，长有几个黑点，端部一般为黑色。虫体的翅上面有白色蜡粉，头角向上卷起，呈短角突起。

2）卵为长圆形，呈褐色，长约 3 毫米，排列成块。

3）若虫形似成虫。初孵时白色，后变为黑色，有许多小白斑。

【发生规律】 斑衣蜡蝉主要危害椿树，近年来在陕西周至猕猴桃和葡萄上发生严重，以成虫、若虫刺吸嫩叶、枝干汁液，影响枝叶正常发育，其排泄物洒于枝叶和果实上，影响光合作用，易诱发病害。1年发生1代，以卵越冬，4月中旬卵开始孵化，若虫常群集在嫩枝上或嫩叶背面危害，若虫期40~60天，成虫于6月下旬出现，8月中下旬交尾产卵，10月下旬逐渐死亡。

【防治方法】

（1）农业措施 猕猴桃园周边不要种植臭椿树等该害虫喜食的植物，以减少虫源。春冬季修剪除虫枝，铲除卵块。

（2）化学防治 可选用2.5%的氯氟氰菊酯乳油1500倍液、48%的毒死蜱乳油2000倍液或2.5%的溴氰菊酯乳油2000倍液进行喷雾防治。

7. 人纹污灯蛾（别名：红腹白灯蛾）

【危害特点】 幼虫危害猕猴桃叶、梢，取食叶片成缺刻，顶芽易受害。

【形态识别】

1）成虫：雄蛾翅展宽40~46毫米，雌蛾翅展宽42~52毫米。头、胸黄为白色。前翅为白色，基部为红色。从后缘中央向顶角斜生1列小黑点，有2~5个，两翅合拢时呈“人”字形。腹部背面除基节与端节外皆为红色（彩图53）。

2）卵：扁圆形，直径0.6毫米。

3）幼虫：老熟时体长约50毫米，赭黄色，具有长毛，亚背线为褐色，毛疣为灰白色，头和胸足为黑褐色（彩图54）。

4）蛹：体长约18毫米，赤褐色，椭圆形，腹末端棘上有短刺12根。

【发生规律】 人纹污灯蛾1年发生2代。南方多以幼虫越冬，第1代成虫于第2年2月羽化、3月上旬产卵，第2代成虫于5月中旬羽化。北方多以蛹越冬，第1代成虫于5月羽化，第2代成虫于7~8月羽化。每头雌成虫可产卵400粒左右。初孵幼虫群栖于叶背面，食害叶肉，3 龄以后分散危害。

【防治方法】

(1) 农业措施 摘除卵块和群集危害的有虫叶。冬季耕翻土壤，消灭越冬蛹，或在老熟幼虫转移时于树干周围束草，诱集化蛹，然后解下诱草烧毁。

(2) 化学防治 于幼虫 3 龄前喷洒 90%的敌百虫可溶性粉剂 800 倍液或 2.5%的高效氯氟氰菊酯乳油或 20%的氰戊菊酯乳油 2000 倍液。

8. 红蜘蛛

【危害特点】 红、白蜘蛛和二斑红蜘蛛 3 种（也称为螨虫），近年来还有一种黄蜘蛛，果农将其统称为红蜘蛛。猕猴桃红、白蜘蛛体形非常小，主要以吸食器吸食叶片汁液或猕猴桃幼嫩组织而造成危害。二斑红蜘蛛体长 0.7~1 毫米，长椭圆形，灰白色，因身体有两道黑色斑环而得名（彩图 55）。红、白蜘蛛和二斑红蜘蛛均以潜伏在叶片背面（叶片正面也有分布），用刺吸式口器吸食叶片和幼嫩枝条汁液，受害叶片出现叶缘上卷，叶片呈褐黄失绿，最后枯黄脱落。摘下受害叶片仔细观察发现，叶片背面的叶脉周围有一层细薄网络，或不规则形的晕圈。危害严重时，叶片焦黄，树势变弱，果实膨大缓慢，形成次果，影响产量。

【发生规律】 猕猴桃红、白、黄蜘蛛和二斑红蜘蛛，都在土层下的枯枝落叶中、老树皮中、芽鳞中越冬。红、白、黄蜘蛛每年繁殖代数不清，二斑红蜘蛛每年繁殖 12~15 代，陕南地区可发生 20 代以上。一般从 2 月中旬开始活动，6 月中下旬开始发生危害，7 月中下旬高温干旱时为危害的高峰期，到 8 月下旬~9 月初，虫情危害逐渐减退，环境温度低于 26℃，螨虫的繁殖会受到抑制，10 月底转入越冬。

【防治方法】

(1) 农业措施 6~8 月盛夏高温期间要适时灌水，抑制红蜘蛛蔓延。提倡果园生草和合理利用杂草，改善果园小气候，减轻高温干旱的影响，但应注意在盛夏适时割草以破坏红蜘蛛的寄生环境。结合秋施基肥进行树盘深翻，以杀死越冬卵；冬季彻底清园，人工刮除猕猴桃主干老、翘、粗皮，清除园内杂草、枯枝落叶，带出果园集中烧毁，控制红蜘蛛越冬基数。避免套种或在猕猴桃园附近种植架豆等蔬菜作物。

（2）生物防治 保护利用天敌，如捕食螨、异色瓢虫、草蛉、六点蓟马、小黑花蝽等，充分发挥天敌对红蜘蛛的自然控制。

（3）化学防治 从麦收开始，防早、防小，药剂可选择1.8%的阿维菌素乳油3000倍液+2.5%的三氟氯氰菊酯乳油2500倍液+10%的苯醚甲环唑水分散粒剂2000倍液或43%的联苯肼酯（爱卡螨）悬浮剂3000倍液，轮换或交替使用。

第八章
猕猴桃 GAP 采收及采后处理

猕猴桃果实为一个活体，从树上摘下来以后，仍然进行着呼吸和营养物质转化等一系列生理、生化活动。猕猴桃果实采收后发生快速软化是影响贮藏的主要因素。猕猴桃软化主要是由于果实组织内的多糖水解酶和乙烯合成酶，促进物质的降解和产生乙烯，进而增强果实的呼吸作用和其他成熟衰老代谢。猕猴桃对乙烯耐受力差，环境中微量的乙烯对猕猴桃就有催熟作用。贮藏的目的，就是通过人工控制，尽量降低乙烯合成酶、多糖水解酶、淀粉酶的活性，延缓果实的后熟过程，从而延长和调节鲜果的市场供应时间。贮藏的原理是为果实提供一个维持最低生命活动的环境。影响猕猴桃果实贮藏的主要因素有温度、相对湿度、氧气、二氧化碳和乙烯含量，其中低温、低氧、低乙烯和高二氧化碳浓度，对抑制果实呼吸和生命活动起主要作用，较高的相对湿度能使果实保持新鲜。

第一节　猕猴桃采贮与处理中存在的问题

一、对猕猴桃采后管理增值认识不够

1. 对不同品种的贮藏性了解不够

不同品种的贮藏能力差异较大，贮藏方法也不同。一般来说，美味猕猴桃比中华猕猴桃耐贮藏；硬毛品种比软毛品种耐贮藏；绿肉类型品种比黄肉、红肉类型品种耐贮藏；晚熟品种比早熟品种耐贮藏。

同一品种，不同的栽培环境、不同的管理水平对其贮藏的影响都很大。滥用大果灵的果实不耐贮藏；树体郁闭光照不足的不耐贮藏；

超负载挂果及发育不全的果实、黄化果、畸形果不耐贮藏。在同一批果实中，中等大小的果实较耐贮藏；在同一树冠的果实中，光照好、着色好的果实耐贮藏。

2. 没有适期采收

猕猴桃果实接近成熟时，内部会发生一系列变化，其中包括果肉硬度降低等，而最显著的变化是淀粉含量的降低和可溶性固形物含量的上升。在果实发育的后期，淀粉含量占总干物质的50%左右，可溶性固形物（其中大部分是糖类）含量稳定在4.5%~5%。进入成熟期后，果实中的淀粉不断分解转化为糖，淀粉含量持续下降，而果实内糖的含量由于淀粉分解转化和来自叶片的营养输送显著升高，可溶性固形物含量逐渐稳步上升。不同品种的果实，其淀粉转化为糖的过程开始的时期不同，可溶性固形物含量上升的速度也不同。同一个品种在冷凉的地区环境下可溶性固形物含量开始上升早、上升的速度快，而在温暖地区开始上升较晚、上升的速度慢。据测定，15℃时可溶性固形物含量在5%~6.5%之间，每天上升约0.04%，而11℃时每天上升0.07%~0.09%，气温每增加1℃，可溶性固形物每天的上升量降低0.006%~0.013%。冷凉地区从5%上升到6.25%只要13天，而温暖地区则需要37天，但不同年份之间的差别较大。猕猴桃果实达到生理成熟后，如果一直保留在树上，果实随着成熟度的提高，可溶性固形物含量逐步上升到10%以上，而果肉硬度逐渐下降软化，达到可食状态。留在树上的果实软化速度不仅超过在低温冷库贮藏的果实软化速度，而且超过在常温下贮藏的果实软化速度。总的来说，在保证果实质量的前提下，应结合当地具体情况与多年观察确定采收适期，不能盲从。

3. 采前管理不到位

做好病虫害防治、疏枝摘叶、通风透光等果园管理，使果实充分着色。

采前灌水对果实耐贮性有不利影响，特别是对猕猴桃的贮藏十分不利。因为灌水的猕猴桃果园，果实中含水量增加，在果实采收、包装、运输过程中容易碰伤。有伤疤的果实，感染病原菌后，开始出现变软的小病斑，很快全果霉烂变质。如不及时从果箱中取出病果，病原菌将传染其他果实，损失更大。试验表明，采前灌水不仅使伤、烂果和软化果比例急剧增加，而且缩短果实的贮藏寿命。

二、贮藏中保鲜剂使用不科学

一般猕猴桃贮藏过程中使用的保鲜剂主要有两种，由于对保鲜剂认识不够，贮藏中使用量不精准，随意加大用量，造成贮藏中损失严重。

1. SM-8 保鲜剂

SM-8 保鲜剂可防止果实腐烂、失水和软化，具有保持良好品质的综合保鲜效果。其优点是高效、无毒、成本低、操作容易，并对贮藏要求不严格。

2. SDF 型保鲜剂

SDF 型保鲜剂是由中国科学院成都有机化学有限公司和都江堰市中华猕猴桃公司联合研制的。其成分以菜油磷脂为主，其他成分也多为天然产物，无毒无害。该保鲜剂与 SM-8 保鲜剂相比，成本低，可直接用冷水稀释使用，在库房内不需要安装日常杀菌设施。用该保鲜剂处理的猕猴桃贮藏 3 个月后好果率为 73.3%。

三、贮藏技术推广应用不够

不同的贮藏主体会采用简易气调贮藏（硅窗塑料薄膜帐贮藏、硅窗保鲜袋贮藏、塑料薄膜袋贮藏）、冷库贮藏等不同的贮藏方式，若对贮藏技术掌握不到位，管理中对温度、湿度等控制不精确，检查中碰伤严重，就会导致贮藏中损失很严重。

第二节　提高猕猴桃采收及采后处理效益的方法

一、适期采收果实

1. 确定采收期

猕猴桃品种繁多，不同品种从受精完成后果实开始发育到成熟大致需要 120~160 天，品种之间的果实生育期差别很大，成熟期从 8 月开始可持续到 10 月底。同一个品种的成熟期受到气候及栽培措施等条件影响，不同年份之间差别可达 3~4 周。而猕猴桃果实成熟时外观不发生明显的颜色变化，不产生香气，当然也不能食用，无法通过品尝鉴定，给确定适宜采收期带来了困难。采收过早，果实内的营养物质积累不够，果实品质降低；采收过晚，则会有遇到低温、霜冻等危害的可能。不同品种的采收标准如下。

（1）红阳 盛花期后146~170天，9月上旬采收；可溶性固形物含量为6.5%~7.5%；干物质含量为15%。

（2）秦美 盛花期后147~159天，10月上旬左右采收；可溶性固形物含量为6.5%~7.0%；干物质含量为15%。

（3）徐香 盛花期后150~160天，10月上中旬左右采收；可溶性固形物含量为6.5%~7.0%；干物质含量为16%。

（4）海沃德 盛花期后159~171天，10月中下旬左右采收；可溶性固形物含量为6.5%~7.0%；干物质含量为15%。

2. 加强采前管理

为了保证果实采收后的质量及食用安全，必须加强采前果园管理。

1）采收前20~25天果园内不许喷洒农药、化肥或其他化学制剂。

2）采收前20天、10天分别喷施0.3%的氯化钙溶液各1次，以提高果实耐贮性。

3）确定采收适期后，还应注意在采前10天左右，果园应停止灌水，为长途运输销售和长期贮藏提供可靠的质量保障。如果下过大雨，应在3~5天后进行采收。

3. 严格采收过程管理

采收应选择晴天的早、晚天气凉爽时或多云天气时进行，避免在中午高温时采收。晴天的中午和午后，果实吸收了大量的热能尚未散发出去，采收后容易加速果实的软化。下雨、大雾、露水未干时也不宜采收，果面潮湿有利于病原菌繁殖侵染。采收时如果遇雨，应等果实表面的雨水蒸发掉以后再采收。

果实采收前，为了避免采收时对果实造成机械损伤，采收人员应将指甲剪短修平滑，戴软质手套。使用的木箱、果筐等应铺有柔软的铺垫，如草秸、粗纸等，以免果实撞伤。

采收时以使用采果袋为好，采果袋以大致可装10千克左右的果实为宜，果袋底部开口，从底部缝制一个遮帘挂在袋顶的背带上，用遮帘将底部开口严密封住，防止果实掉出。要将果袋内的果实放入转运箱时，先把装有果实的果袋轻放入箱内，取开遮帘的挂钩，然后将果袋轻轻提起，果实便从底部开口处轻轻滑落到果箱内。

【提示】

采收应分类、分次进行。先采收生长正常的商品果，再采收生长正常的小果，对伤果、病虫危害果、日灼果等应分开采收，不要与商品果混淆。

采收时用手握住果实，手指轻压果柄，果柄即在距果实很近的区域折断，残余的果柄仍然留在树上。采收时应轻拿轻放，尽量避免果实刺伤、压伤、撞伤。尽量减少倒筐、倒箱的次数，将机械损伤减少到最低程度。同时要注意提前修平运输道路，运输过程中缓速行驶，避免猛停猛起，减少振动、碰撞。

【注意】

采收下来的果实应放置在阴凉处，用篷布等遮盖，不要在烈日下暴晒。

计划直接上市的果实，可将经过分级包装的果实在室外冷凉处放置一晚，待果实中吸收的热量散失掉后在清晨冷凉时装运进入市场。

需要贮藏的果实可以先分级包装再入库，也可以在预冷后分级包装再入库。二者各有优缺点：前者的优点是能够按不同等级包装贮藏、去除伤残畸病果，利于贮藏效果，方便果实出库；缺点是包装后的果实预冷时间延长。后者的优点是预冷速度快，有利于长期贮藏，不用在果实采收季节同时忙于分组包装，有利于调剂劳动力；缺点是预冷后还须再重新将果实分级包装，且伤残畸病果不能及时去除。这两种方法在国内外都普遍使用，各地可根据自己的实际情况选择。

二、加强采后商品化处理

1. 分级

我国目前还没有形成适应现代化市场要求的猕猴桃分级标准，大部分地方采用手工分级，将果实按照重量分为3个等级：一级100克以上，二级80~100克，三级60~80克。这种分级标准同级内果实差异较大，无法进入等级较高的超级市场，更难以进入国际市场。新西兰的美味猕猴桃海沃德品种的分级标准已经得到了国际市场的认可，可以作为我国果实进入国际市场的参考。

首先要求果实在外形、果皮、果肉色泽等方面符合品种特征，无瘤状突起，无畸形果，果面无泥土、灰尘、枝叶、萼片、霉菌、虫卵等异物，无虫孔、刺伤、压伤、撞伤、腐烂、冻伤、严重日灼、雹伤及软化果，再按照果实的重量通过自动分拣线分级（表8-1）。

表8-1 新西兰猕猴桃果实分级标准

每盘（3.6千克）数量/个	单果最小重量/克	单果最大重量/克
25	143	160
27	127	143以下
30	116	127以下
33	106	116以下
36	98	106以下
39	88	98以下
42	78	88以下

果实分组时一般采用机械自动化分级和人工拣除残次果相结合的方式，滚动式分级线将果实传动到检查台，检查台两边有8~10名技术熟练的人员在良好的照明条件下观察转动的果实，发现不符合要求的果实后立即取出放入淘汰果传送带，另外收集起来。其他果实则继续前行通过由不同重量标准组成的活动板块，当一个果实的重量达到该活板块设计的承受重量时，活动板块自动翻转，果实进入承接活动板块的小输送带，完成了果实的自动分级，单果重误差范围为±3克。果实分级后再由人工摆放至不同规格的包装箱内。

2. 包装

猕猴桃属于浆果，怕压、怕撞、怕摩擦，包装物要有一定的抗压强度；同时，猕猴桃果实容易失水，包装材料要求有一定的保湿性能。国际市场中的猕猴桃果实包装普遍使用托盘，托盘由优质硬纸板或塑料压制成外壳，长 41 厘米、宽 33 厘米、高 6 厘米，内有一张聚乙烯薄膜及预先压制的有猕猴桃果实形凹陷坑的聚乙烯果盘，果形凹陷坑的数量及大小按照不同的果实等级确定，果实放入果盘后用聚乙烯薄膜遮盖包裹，再放入托盘内，每个托盘内的果实净重 3.6 千克。托盘外面标明注册商标、果实规格、数量、品种名称、产地、生产者（经销商）名称、地址及联系电话等。

我国目前在国内销售的包装多采用硬纸板箱，每箱果实净重 2.5~5 千克，两层果实之间用硬纸板隔开，也有部分采用礼品盒式的包装，内部有透明硬塑料压制的果形凹陷坑，外部套以不同大小的外包装。这些包装均缺乏保湿装置，同时抗压能力不强，在近距离的市场销售尚可使用，远距离的销售明显不适应，需要加以改进。至于对外出口的果实，只有采用托盘包装才能保证到达目的地市场后的果实质量。

3. 入贮管理

（1）入库前要求 装好箱的猕猴桃先在 15℃左右的条件下放置 24~48 小时，再入库贮藏。在果实采收后至入库前确保在 24 小时内（要求果实从采收到装车控制在 10 小时以内，运输到库控制在 6 小时以内，卸车、质检、初选、入库控制在 8 小时以内），加上预冷的时间共 48 小时，将果心温度降至 1~3℃，迅速消除田间热。

（2）预冷处理 中华猕猴桃最好经过 5℃预冷 24~48 小时后降到贮藏温度。预冷方式除冷藏间（预冷间）冷却法外，还可以采用强制通风式冷却和真空冷却法。

（3）贮藏温度设定 愈伤后的果实，冷敏感性较强的品种如翠香、红阳、华优、早金、徐香等（表 8-2），入库后先将温度降至（5±0.5）℃，稳定 2~3 天（冷锻炼）后，再降至贮温，其他品种入库后直接降至贮温，库温波动控制在±0.5℃，保持至贮期结束。对靠近冷风出口处的果实应采取保护措施，以免发生冻害。

表 8-2 常见品种贮藏温度

品种	温度/℃	品种	温度/℃
徐香	0~0.5	翠香	1.0~1.5
海沃德	-0.5~0	华优	1.0~1.5

（续）

品种	温度/℃	品种	温度/℃
秦美	-0.5~0	金香	-0.5~0
红阳	1.5~2.0	哑特	-0.5~0

注：采前长期阴雨的年份，上述品种入库后均应在（5±0.5）℃下进行2~3天的冷锻炼。

（4）库内堆码原则 堆码高度不超过风机下沿，保证风循环畅通（图8-1）。冷库堆码要均匀，通风循环一致，避免由于堆码不均造成局部降温困难。

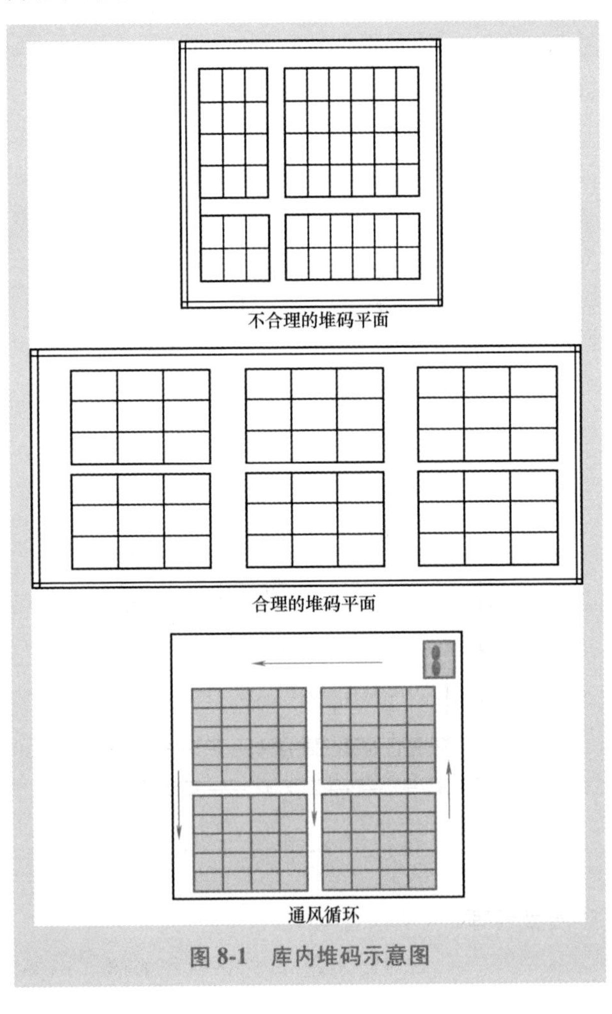

图8-1 库内堆码示意图

4. 入贮气体管理

猕猴桃不同于一般的产品，它在被消费前不断进行呼吸，消耗氧气产生二氧化碳、乙烯及其他代谢气体。而一般的冷库库房密封性相对较好，这样，冷库内二氧化碳浓度升高、氧气浓度降低（图 8-2），不利于果实的贮藏。

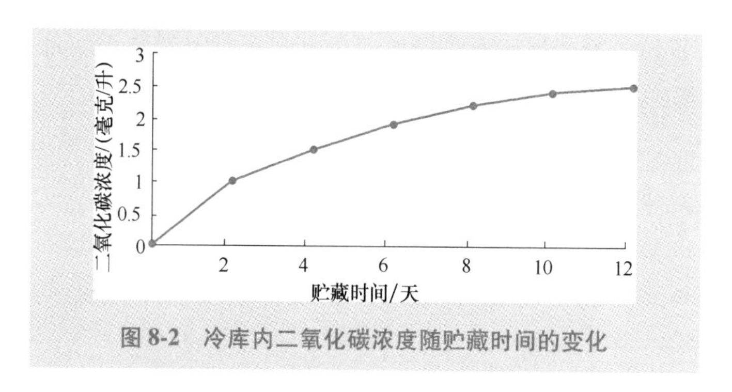

图 8-2 冷库内二氧化碳浓度随贮藏时间的变化

果实温度降低到 0.5℃左右，一般以 7 天通风 1 次比较适合。

通风最好在早上 6:00~7:00 进行，当外界最低温度低于-2℃时，通风时间可以根据外界温度，推迟到 9:00~13:00（图 8-3）。

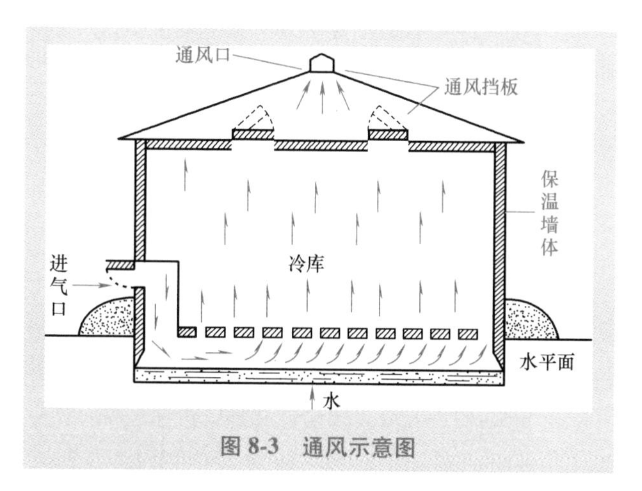

图 8-3 通风示意图

5. 入贮湿度管理

（1）湿度测量单位 湿度是指空气中所含水蒸气的量，可以用绝对湿度、最大湿度（饱和湿度）和相对湿度来表示。绝对湿度是指标准状态下，每立方米的空气中实际所含的水蒸气重量。相对湿度是指绝对湿度和该温度下最大湿度的比值，用百分数来表示。

（2）湿度测量仪器要求 为了保证测定结果的准确，干湿球湿度计（图8-4）应悬挂在空气比较流通、太阳不能直射到的地方，但也不宜挂在风口上。悬挂的高度应与人的视线相平，一般距地面1.5米。

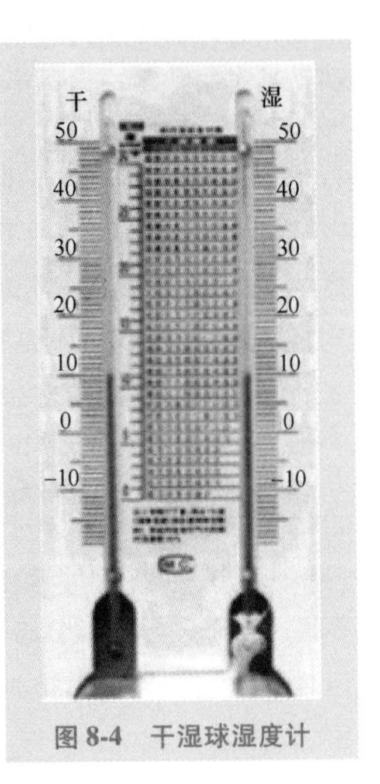

图8-4 干湿球湿度计

（3）湿度指标 冷库内最适相对湿度为90%~95%。如相对湿度达不到要求，要进行补湿。测量湿度的仪器，其误差要求不超过5%。测点的选择与测温点一致。

（4）冲融霜管理 蒸发器上的霜是库内气态水遇冷以后凝结在蒸发器上形成的，所以在某种意义上，蒸发器就是除湿器。因此减少蒸发器上的凝霜和除霜，就减少了库内湿度的流失。

【提示】

只有当凝结霜影响到蒸发器冷量扩散时，才有必要进行冲融霜。所以冲融霜的时间设定，要以蒸发器凝结霜的厚度为依据。

三、贮藏保鲜

猕猴桃属于呼吸跃变型果实，在软化的后期产生呼吸高峰和乙烯释放高峰，但果实个体之间进入呼吸跃变期的时间差异很大。在20℃下猕猴桃果实的呼吸速率大致为20~30毫克二氧化碳/（千克·时），以后随着果实的软化逐渐降低，当果肉硬度下降到大约1.0千克/厘米^{2}后，呼吸速率出现短时间的上升，最大值相当于初始呼吸速率的

2 倍，然后降低。当果实出现呼吸高峰后，果实处在最佳食用状态，以后随着呼吸的消耗，营养成分含量逐渐降低，一旦本身的能量消耗殆尽，果实就衰老崩解腐烂。贮藏过程就是要创造一种环境，将果实的各种生命活动维持在很低的水平，以保持鲜果的营养价值，延长果实食用期限。由于品种、贮藏条件及其他因素的影响，这个期限会相差很大。

猕猴桃贮藏期间最显著的变化是果肉硬度降低，刚采收时果肉硬度大致为 6~9 千克/厘米^2；放置在室温条件下，这个硬度能保持 2~3 天，然后果肉逐渐软化，可溶性固形物含量上升，硬度下降到 0.5 千克/厘米^2 时可溶性固形物含量上升到最高值，果实达到最佳可食状态，这个可食状态保持一段时间后，细胞崩解，果实发酵腐烂，丧失食用价值。

据研究，在 20℃下贮藏的猕猴桃果实的软化过程可分为以下两个阶段。

第一阶段，果肉硬度下降较快，秦美和海沃德从采收到采收后第 10 天、第 13 天，硬度分别从 6.2 千克/厘米^2、7.0 千克/厘米^2 下降到 2.9 千克/厘米^2、3.2 千克/厘米^2。这一阶段果肉硬度的下降主要与淀粉酶活性明显上升引起淀粉快速降解有关。淀粉主要以淀粉粒的形式在细胞内维持细胞的膨压，对细胞起着支撑作用，当淀粉被水解为可溶性糖参与代谢后，引起细胞张力下降，从而导致果肉硬度降低。淀粉酶活性在采前就已存在，并引起淀粉开始降解、可溶性固形物上升。果实采收后淀粉酶活性快速上升，秦美、海沃德分别在采后第 4 天和第 7 天达到峰值，淀粉酶活性的上升促进了淀粉的降解，秦美在采后第 13 天淀粉含量由 6.1%下降到 0%，而海沃德在采后第 15 天淀粉含量由 7.5%下降到 0.6%。相关性分析表明，秦美和海沃德的淀粉含量与果实硬度的相关系数均达到 99%以上，而淀粉酶是造成本阶段果肉硬度下降的关键酶。

第二阶段，果肉硬度下降趋缓，在 20℃下秦美和海沃德分别发生在采收后第 11~25 天、第 14~28 天，硬度分别从 2.9 千克/厘米^2、3.2 千克/厘米^2 下降到 0.7 千克/厘米^2、1.7 千克/厘米^2。这一阶段果肉中的淀粉含量已基本降解为零，硬度的下降主要以 PG（多聚半乳糖醛酸酶）活性上升、果胶物质水解加快、原果胶逐渐降解为可溶性果胶、不溶性果胶含量下降而可溶性果胶含量上升为主要特点。果胶是细胞壁的结构物质，其降解由 PG 的活动引起，果胶物质的水解使细胞间黏着力降低，引起细胞壁的解体和果实硬度的下降。果实采收后的硬度速降阶段，PG 的活性很低，果胶物质降解缓慢，秦美和海沃德分别在采后前 9 天、前 13 天只下降了 0.07%、0.12%，同期水溶性果胶含量约上升 0.025 克/100 克、0.05 克/100 克。秦美、海沃德的 PG 活性分别在采收后第 5 天、第 9 天明显上升，并分别在第 13 天和第 17 天达到活性峰值，秦美从采收后第 9 天、海沃德从采收后第 13 天起不溶性果胶含量下降速度加快，到采收后第 25 天时，分别下降了 0.48 克/100 克、0.35 克/100 克，相应的可溶性果胶含量上升了 0.34 克/100 克、0.18 克/100 克。

纤维素是构成细胞壁的骨架物质，纤维素的降解也是导致这一阶段果实软化的原因之一。秦美和海沃德在刚采收时的纤维素含量分别为0.4%和0.9%，纤维素酶的活性较低，在采收后第5天、第9天纤维素酶活性快速上升，分别在第13天和第17天达到峰值。两个品种的果实在20℃下放置16天后纤维素含量分别损失了54.1%和32.9%。

影响果实贮藏性的因素包括果实本身的状况和贮藏的环境两个方面。

1. 果实本身的状况

首先是果实的贮藏性，如海沃德可以在常温下贮藏 1 个多月，而贮藏性较差的品种贮藏 1 周就已经软化。保持可食状态的时间也因品种而异，海沃德的可食状态可超过 10 天，而差的品种只能保持 3~5 天。

栽培的环境和措施通过对果实的成分构成及生理特性等的影响对果实贮藏性产生明显影响。土层深厚、土壤肥沃、果园营养平衡、园内光照良好的果园生产的果实贮藏性一般较好，相反，河滩沙土地果园或树冠郁闭、内膛光照不良的果园生产的果实贮藏性差。施氮肥过多、灌水过多、幼果期蘸膨大剂等会使果实内含水量高，果肉细胞大、排列疏松，组织不充实，果实硬度低，贮藏中也极易软化。同一果园中不同年份之间因气候的差异也会造成果实贮藏性的不同。果肉中钙的含量高，则贮藏过程中硬度下降慢，在果实生长季节向果面喷施钙或采收后用含钙溶液浸果均可延长果实的贮藏期。

采收期适宜的果实，贮藏后果肉硬度变化缓慢，一直保持在较高的硬度水平上。采收过早的果实，贮藏中不仅软化速度快，而且品质差异大，风味淡。据研究，贮藏果实的采收适期是可溶性固形物含量在 6.2%~7.0%之间时，而可溶性固形物超过 8%时是贮藏果实的最终采收期。

采收及采后处理过程中对果实产生的各种机械损伤，包括撞伤、擦伤、刺伤、病虫危害造成的伤口及振动产生的伤害，虽然有些在当时从外表上看不到任何受伤的痕迹，但果肉内部受伤的部分会促进淀粉酶活性的升高，使淀粉水解速度加快，果实逐渐软化，并在软化的过程中释放出乙烯，加速其他果实的软化。

2. 贮藏条件

（1）温度 影响果实贮藏寿命的首要条件是温度。温度的影响首先表现为对果实呼吸作用的影响，温度越高呼吸越强，营养消耗量大。据测定，在 0℃下海沃德的呼吸速率为 3 毫克二氧化碳/(千克・时)，而在 2℃下呼吸速率为 6 毫克二氧化碳/(千克・时)，4~5℃下呼吸速率为 12 毫克二氧化碳/(千克・时)，10℃下呼吸速率为 16 毫克二氧化碳/(千克・时)，20~21℃下呼吸速率上升到 22 毫克二氧化碳/(千克・时)。在不干扰果实缓慢而正常代谢的前提下，将贮藏温度尽可能控制在较低的水平，能够抑制果实代谢，延缓成熟衰老。

据日本有关人员研究，猕猴桃果实在常温（7±4)℃条件下，最长可贮藏到第 2 年 2 月；在低温 5~6℃时，可贮藏到第 2 年 4~5 月；在更低温 2~3℃的条件下，能贮藏到第 2 年 7 月。低温可以抑制果实的呼吸和内源乙烯的产生，因而可使果实的后熟期延长。据试验，在 0~5℃条件下，尤其在 2℃以下的条件下，果实不产生内源乙烯，即使用外源乙烯处理，呼吸作用也不会出现变化。如果在 15℃以上时，果实对乙烯的作用就非常敏感。

低温贮藏就是通过降低果实贮藏环境的温度从而使果实内部的温度下降，以减少呼吸的消耗。同时在低温条件下，影响果实软化的各种酶的活性大大降低。例如，淀粉酶活性上升缓慢，淀粉水解速度也慢很多，因而推迟了果实的软化速度。

多数研究表明，猕猴桃果实的冰冻点为-1.66℃，在0℃的条件下贮藏最适宜，温度超过0.5℃时可明显观察到果实软化速度加快。温度过低会对果实造成冻害，出库后果实会迅速腐败而丧失食用价值。

【提示】

贮藏期间温度忽高忽低的变化会加速果实的软化进程，影响果实的贮藏效果，因此贮藏库的温度变化幅度不能过大，使果实温度尽可能保持稳定，上下波动以不超过±0.5℃为好。

据新西兰有关人员研究，贮藏在（0±0.5）℃下的海沃德猕猴桃，入库后的4~6周之间果肉硬度下降较快，从大约8千克/厘米^{2}降到3千克/厘米^2，此后硬度下降缓慢；贮藏3个月后，硬度仍大致保持在1.5千克/厘米^2，以后下降更缓；贮藏6个月左右时，果肉硬度大致保持在1千克/厘米^2，符合新西兰海运出口的标准。在20℃下贮藏的果实，尽管初期果实软化速度只是略高于贮藏在0℃的果实，但冷藏的果实软化速度逐渐变得越来越缓慢，而20℃下贮藏的果实一直保持较高的软化速度，不到20天就软化、过熟、衰败。

对猕猴桃果实进行冷藏是国内外普遍采用的办法，效果也比较理想。将采收的果实在24~48小时内经过预冷后，马上进库冷藏，这样可以降低其呼吸强度，延缓乙烯的大量产生，推迟呼吸高峰的到来，使后熟过程延迟，提高了贮藏寿命。在新西兰有这样的规定，猕猴桃果实采收后应在8小时内将果心温度降到1℃，24小时内进入冷库贮藏。他们认为冷库的适宜温度是-0.5~0.5℃，相对湿度为95%左右，这样的条件下可保存4个月左右。贮温不能太低，如在-1.5℃时，有的果肉就会受到冻害。而日本则认为，温度在1~2℃之间、相对湿度在98%以上是冷藏的适宜条件。美国则认为，温度为 1.7℃、相对湿度在 90%～95%之间最适宜。

（2）乙烯　乙烯是影响猕猴桃贮藏寿命的又一重要因素，它既是果实贮藏过程中的新陈代谢产物，也是加速果实软化的催化剂。猕猴桃对乙烯的反应特别敏感，空气中乙烯含量的变化对其软化进程的影响十分明显，即使贮藏在 0℃环境中，果实周围有 0.01 微升/升的乙烯也会促进果实软化、呼吸速率上升。猕猴桃在贮藏过程中本身会产生微量的乙烯，在 20℃环境中果实产生的乙烯量在贮藏前期一直很微量，大致到果实出现呼吸高峰前一周，乙烯产生量迅速增加并很快达到峰值，为 60～80 微升/升，随着软化的临近而又降低。产生的乙烯加速了果实软化，而软化的果实又会产生更多的乙烯，二者互为因果。用外源乙烯处理猕猴桃果实后，ACC（乙烯形成的前身）含量及乙烯释放量都明显增加，尤其处理后的贮藏温度越高，果实的软化越快。

在刚采收后的硬果猕猴桃中，已有一定量的 ACC 存在，但由于没有 ACC 氧化酶活性，因此没有乙烯释放。只有当果实开始变软达到一定生理状态后，ACC 氧化酶的活性才表现出来，果实开始释放乙烯。ACC 氧化酶活性的上升早于乙烯的释放，跃变前果实内 ACC 的含量很低，在乙烯释放快速增加的同时，ACC 的含量也大量上升。但不同果实中内源乙烯的释放时间会相差 1 个月左右。

降低贮藏环境中氧气的浓度，提高二氧化碳的浓度，可以通过抑制 ACC 的合成和 ACC 的氧化作用而明显抑制果实内源乙烯的生成。低温条件也可以抑制乙烯释放速度、ACC 氧化酶的活性及外源乙烯的催熟作用。

但即使贮藏在低温条件下，果实也会因成熟度、附着病原菌密度的差异等，引起乙烯生成量的不同。在 0℃的贮藏条件下，正常果实产生的乙烯很微量，受伤的果实常是较多乙烯的来源。部分果实的乙烯释放量增加，导致贮藏容器中乙烯含量上升，健全的果实也会被催熟软化。在低温（0±0.5）℃贮藏条件下，尽可能将贮藏环境中乙烯的含量控制在 0.03 微升/升以下，这样直到贮藏后期果肉硬度仍然可以保持相对较高水平，果实硬度的软化过程被延缓。

要去除贮藏库内的乙烯，可以在库内安装专门的去除乙烯设备，或在贮藏箱内放置乙烯吸附剂，也有人在夜间低温时打开库门通风换气，降低库内乙烯含量。常用的乙烯吸附剂有氧化剂、溴化剂和催化剂三类，其中使用最多的是作为氧化剂的高锰酸钾，其吸附乙烯的能力强、吸湿性低、具有持久性，可持续去除环境中的乙烯。乙烯吸附剂在低温下的效果明显优于常温下的效果，果实包装薄膜较厚的去乙烯的效果更好。乙烯吸附剂可自行制作，一般用蛭石、新鲜碎砖块泡在饱和的高锰酸钾溶液中，使蛭石和砖块染上一层紫红色，然后取出沥干，放在库内或装果实的薄膜袋内即可。放置一段时间后，蛭石或砖块褪掉鲜艳的紫红色，表明已经失效，要重新换上新炮制的蛭石或砖块。

【注意】

苹果、梨等其他水果本身能产生大量乙烯，但对乙烯的反应相对迟钝，如果这些果实与猕猴桃贮藏在同一库内，产生的乙烯会导致猕猴桃迅速软化。

(3) 空气成分 贮藏环境中的气体成分能显著影响果实的贮藏性能，人为控制低温贮藏库的气体成分，增加二氧化碳或氮气的含量、降低氧气含量，均能达到抑制呼吸、抑制乙烯合成、降低过氧化物酶的活性等效果，达到延迟果实软化的目的。也可在库内安装气体洗涤器，清滤库内空气，将有害气体清除。

气调库通过调节库内的氧气、二氧化碳和氮气之间的比例并保持在一定水平上（氧气含量为2%~3%，二氧化碳含量为4%~5%）。氧气含量在1%以下时会产生无氧呼吸，猕猴桃果实会产生酒味，因此一般适宜的氧气含量应不低于2%；而二氧化碳含量过高，果实外果皮变硬呈纤维状，内果皮软化呈水浸状，中柱则无法软化，果实风味变差。

气调体系的建立一般通过充气置换法先降低氧气，然后通过猕猴桃自身的呼吸作用继续降低氧气，达到调节库内气体的目的。由于贮藏的果实不断呼吸产生二氧化碳，库内二氧化碳的含量会持续升高，超过限度后会对果实造成危害，因此库内气体成分的维持必须通过检测来控制。气调库是在密封的低氧状态下运行，人员不能自由出入，必须在库外建立快速准确的监测系统，随时控制库内的气体成分变化，以避免水果中毒受害事故发生。

(4) 空气湿度 贮藏库中的空气湿度对猕猴桃的贮藏性能也有显著影响。据新西兰有关人员研究，猕猴桃果实在 0℃ 和 90%～95% 的相对湿度条件下，贮藏 3 个月后，果实水分只减少 1%；相对湿度减少到 80%～85% 时，在相同的温度和贮藏期内，水分损失为 5%。因此，冷库内通常要用喷水来保持最大湿度，一般认为以 95% 的相对湿度比较适宜。若湿度太低，果实易失重、皱缩，降低商品价值；若湿度过高，易引起果实腐烂（表 8-3）。

表 8-3 不同温度下的饱和水汽压

温度/℃	-2	0	2	5	10	15	20	25	30	35
饱和水汽压/帕	5.3	6.1	7.1	8.7	12.3	17.1	23.4	31.7	42.5	56.3

一定体积的空气中所能容纳的水汽量在一定温度下是有一定限度的，超过这个限度，多余的水汽就会凝结成水滴或冰晶。水汽达到最大限度的水汽压称为饱和水汽压，饱和水汽压随着温度的降低而降低。果实内部的空气相对湿度约 99%，当果实贮藏在相对湿度低于 99%的环境中时，果实中的水汽就会向周围扩散。由于在低温条件下贮藏，空气中能保持的水汽量少，果实不断向空气中扩散水汽，而空气中多余的水汽不断凝结，便造成果实水分不断损失。果实内的相对湿度与贮藏库中的空气湿度差距越大，果实水分的损失越快。在未用聚乙烯薄膜保护的贮藏箱内，果实贮藏 4～6 周时就可见到果面皱缩，通常当果实的重量损失达到 3%～4%时果面皱缩明显。水分损失时果实发生萎蔫，重量减轻，更重要的是萎蔫使果实的正常呼吸作用受到破坏，加速有机物的水解过程，使果实逐步衰老，削弱了果实的贮藏性和抗病性。

由于贮藏库中的热交换器蒸发管路不断地结霜、化霜，常导致湿度下降，难以保持最适的湿度范围，对此可以采用在地面洒水或安装加湿器等方法加以解决，也可把猕猴桃放在塑料薄膜袋内或塑料帐篷内，保持小环境内的相对湿度基本稳定。

当库门开关次数太多时常造成库内相对湿度过高，使果实表面出现发汗现象，对果实贮藏有不利影响，因此，要尽量减少库门的开关次数。在库内各适当部位放置氯化钙、木炭、干锯末等吸湿物，对降低库内相对湿度也有一定的作用。

四、GAP 冷链物流系统建立

猕猴桃果实采收以后，除少量供应当地市场外，绝大部分需要转运到人口集中的城市、工矿区和贸易集中地销售，运输是保证安全、优质的猕猴桃果实到达消费者手中的完整链条中极其重要的一环。

猕猴桃是新鲜果品，运输过程中要安全、快装快运，绝不可积压堆积，以免果实长时间堆放在外界不良条件下而加速软化过程。装卸时要轻装轻卸，文明转运，以免造成果实的机械损伤。运输环境要适宜，防冷、防热、防振动。运往北方市场的运输过程中要防止果实受冻；运往南方市场的过程中则要注意防热；运输途中的强烈振动和加速度的反复作用会使果实发生损伤，进而引起腐烂。

现代水果产业在新鲜水果采收后的流通、贮藏、运输、销售一系列过程中实行低温保藏，以防止果实新鲜度和品质下降，这种低温贮藏技术连贯的系统被称为低温冷链保鲜运输系统。如果冷链系统中任何一环出现问题，都将破坏整个冷链保鲜运输系统的完整实施，而在整个冷链系统中低温运输担负着联系、串联的中心作用。

在猕猴桃的冷链运输中，运输的时间越长，要求的适宜低温越低。如果途中运输时间超过 6 天，温度就必须与低温贮藏的温度保持一致，才能获得保鲜的良好效果。

目前，我国猕猴桃的运输采用冷藏车的较少，主要依靠普通货车，这类车辆设备简单、成本较低，运输途中除防止产生强烈振荡、机械损伤外，还要根据果实运往的地区情况采用不同的遮盖物，防止日晒雨淋、受热受冻。

第九章
猕猴桃品牌建设与市场营销

第一节　猕猴桃营销存在的问题及对策

一、营销存在的问题

1. 果品质量欠佳，缺乏市场竞争力

与新西兰等发达国家相比，我国的猕猴桃种植相对落后。我国也有不乏标准化的优秀种植园，但整体看缺乏规范化种植。从种到收没有明确的种植管理标准，多数为“跟风走”。相当多的种植者只关心成本增减，忽视品质提升，从而在市场竞争中处于劣势。滥用膨大素现象普遍，采收时间掌控不当，采后贮藏过程中过量使用保鲜剂，降低了品质，制约了产业发展。

2. 产品结构不合理，缺乏高端产品

我国的猕猴桃种植量居世界首位，出口量占比却不足1%，价格上国产猕猴桃没有丝毫优势。2018 年新西兰佳沛公司奇异果（猕猴桃）在我国市场增长强劲，销量超过 2700 万标准箱，占佳沛全球销量的 20%。2022 年我国猕猴桃总进口量为 11.78 万吨，其中新西兰佳沛公司奇异果（猕猴桃）在我国进口量占总进口量的 90%。小出口与大进口形成强烈反差，同时也充分表明，国内猕猴桃市场潜力巨大，尤其是高端市场。佳沛的黄心阳光金果猕猴桃在国内售价高达5~15 元/个，反观国内的黄肉类型猕猴桃中的金桃、金艳，仅10~20 元/千克。佳沛出售的都是高端精品猕猴桃。随着我国开放力度的加大和城镇化建设速度的加快，人们生活水平逐渐提高，对高端、绿色、有机猕猴桃的需求也不断增加，但我国的猕猴桃大众化、低端产品过剩，高端、精品桃缺乏，结构不合理的现象越发明显。

3. 缺乏能引领产业的强力品牌

品牌不仅仅是一个标志，更代表着产品的口碑和质量，代表着企业历史，代表着消费者的信赖，如西湖龙井、信阳毛尖。虽然我国猕猴桃各产区不乏营销、加工企业，但就企业在国内外的影响力、知名度、话语权，没有能与新西兰佳沛公司相抗衡的品牌，实属中国猕猴桃的一大悲哀。佳沛公司的猕猴桃是新西兰于1906年引自我国宜昌的，但为什么佳沛的猕猴桃有“高端”身价，而国产的却是相差甚远，没有塑造强力品牌也是一大原因。

4. 产品保鲜、贮藏、加工滞后

猕猴桃属于浆果，货架期短，集中采收、全年消费的矛盾就更加突出。贮藏、酿造方面缺乏强有力的品牌，鲜果销售占80%以上，升值空间受限。

5. 缺乏统一价格机制，市场售价无序

缺乏价格形成机制，主观定价代替市场定价，缺乏对定价市场的调研分析。缺乏专业机构和人士研究下一个销售季节的产品供求信息和市场信息走势。各自为政，少有行业自律，竞相压价收购，造成市场恶性竞争。受传统意识影响，薄利多销，完全背离了优质优价的现代市场原则，在人们讲究品质的今天，反而让人觉得是产品有问题。一些网上叫卖的，17.8元30个的红心果，完全背离了物有所值的原则，扰乱了正常的行业秩序。

6. 产品推介不到位，市场认可有限

在河南西峡，陕西周至、眉县普遍存在着重生产而轻销售的问题。佳沛通过各种媒体渠道和消费者保持沟通，如电视广告、报纸宣传，以及在全球广告营销中占比越来越大的数字网络渠道，会经常与消费者互动，建立起产品高端形象，了解消费者，也让消费者了解自己。而国内的猕猴桃宣传远不到位，市场占有率、出口率与其世界原产地及品质地位极不相称。

二、营销对策

1. 发挥新型农业经营主体的引领作用

分散种植不仅难以形成规模经营，无法抵御市场风险，也不利于推行种植业标准化。发展新型农业经营主体，创办农业合作社集体经营或把土地流转给种植企业规模经营是现代农业产业化的发展方向。现在各地成立的合作社不少，但不少是“空壳”，没有在生产、经营中发挥合作作用。新型农业经营主体要切实发挥标准化生产的引领作用，依照公司模式去运作。按照“公司+基地+合作社+农户”或企业合作社化的模式，实行统一施肥、统一管理、统一品牌、统一包装、统一销售的“五统一”模式，实现产品源头无隐患、投入无违禁、管理无盲区、果品安全、质量可溯源的示范引领效果，达到农户和企业的双赢。提高商品果率和优质果率，才能大幅提升国内猕猴桃整体质量。

2. 积极打造品牌宣传

如何在保证果品品质的同时，通过强大的品牌让消费者对国产猕猴桃提高信心，是摆在国内企业家面前的艰巨任务。塑造农产品品牌需要懂农业、懂品牌营销的专业团队来做，这方面政府可以发挥好作用，其他行业的营销技巧能为猕猴桃提供思路。一是以名创牌，实行商标注册；二是以质创牌，提高果品内在质量；三是以面创牌，搞好产品包装和大力宣传；四是依据认证，培育农产品品牌。这样才能使国内早日出现能引领世界的猕猴桃产业品牌。

3. 进一步壮大龙头企业

国内猕猴桃产区虽有不少购销加工企业，但规模不能满足市场要求，要坚持开发和引进的思路——“大、高、外、强”，即规模大；标准高，起点高，附加值高，科技含量高，市场占有率高；企业要外向型，要占领国内外市场，扩大出口增收；企业牵引力强，辐射力强。政府要培养龙头企业，致力于引进国际、国内大公司，支撑销售。

4. 规范购销市场

销售过程中要实行乡镇属地管理。果实成熟前各乡镇都不允许采

青早售。对恶意竞争、压价收购、低价统收、强买强卖等恶性行为要进行打击整顿。

5. 加大宣传推介、构建营销网络

把宣传、营销作为猕猴桃产业发展的重要举措。加大营销宣传力度，宣传猕猴桃文化，积极开展展销会、推介会活动，努力提升猕猴桃对外影响力和知名度，借助公共资源宣传猕猴桃形象，充分开拓市场营销渠道。

第二节　猕猴桃品牌建设

一、品牌概念

品牌是由名称、术语、标记、符号或图案等要素组合而成，用于体现某个销售者或某种产品或服务的独特性，并使之与其他销售者的产品和服务相区别，借以促进销售的记号，如华圣苹果、本香猪肉、眉县猕猴桃等。

农产品品牌是使用在农产品上，用以区别其他同类和类似农产品生产经营者的显著标记，是以农产品的产地、品种、质量等差异为基础，以商标、口号、包装、形象等为表现形式。

二、品牌分类

按品牌的基本使用对象不同，可划分为商品品牌和服务品牌；按商标的构成要素不同，划分为文字品牌、图形品牌和组合品牌；按使用者和用途不同，划分为集体品牌、证明品牌和地理标志（原产地名称）。

1. 商品品牌与服务品牌

品牌使用于商品上，称为商品品牌；品牌使用于服务项目上，称为服务品牌。服务品牌与商品品牌的区别在于商品是看得见的物品，服务是为他人提供的劳务活动，是某种行为；商品的经营者将商品直接作为市场交易的对象，而服务的提供者是借助于商品作提供服务的工具；商品可以流通，一般没有地区界限，而服务则是以其设施为中心在一定范围内活动。

2. 文字品牌、图形品牌与组合品牌

单纯由文字构成的品牌，叫文字品牌，如同仁堂、六必居、张小泉等。单纯由图形构成的品牌叫图形品牌，具有形象生动、立意明朗、易于识别、便于记忆等特点。

由文字与图形共同构成的品牌叫组合品牌。组合品牌一般以图形为主、文字为辅，文字与图形融为一体，以文字表达形意，以图形加深人们对文字的理解和记忆，从而达到形象鲜明、表意清晰的效果。在我国由文字与图形组合而成的品牌最多，其特点是图文并茂，形象生动，引人注目，便于识别，便于称叫，很受人们的欢迎。

3. 集体品牌与证明品牌

（1）集体品牌　由工商业团体、协会或其他集体组织的成员所使用的有一定知名度、美誉度的商品商标或服务商标，用以表明商品的经营者或者服务的提供者属于同一组织。集体品牌是由该组织成员共同使用，不是该组织成员不能使用，也不得转让。

（2）证明品牌　由对某种商品或者服务具有检测和监督能力的组织所控制，由第三方使用在商品或服务上，用以证明该商品的质量或服务产品的质量优于同类产品或服务产品，具有一定的知名度、美誉度，如联想电脑、苹果手机、格力空调、同仁堂医药产品品牌等；提供服务产品的如清华大学、西安交通大学，是为全国人民提供优质教育服务的品牌。

三、农产品品牌特性

农产品不同于工业产品的自然和商品属性，决定了农产品品牌自有的特性。

1. 农产品品牌表现形式的多样性

农产品品牌表现形式的复杂性是由农产品的特点所决定的，农产品市场的逆选择现象严重，为了消除逆选择现象，除了产品自身的品牌外，还必须有具备公信力的机构对农产品质量给予评价，也就是质量安全认证。当前，绿色食品、有机食品、地理标志产品（即“二品一标”）是政府重点发展的安全优质农产品品牌，也是国家安全优质农产品的品牌象征。

2. 农产品品牌主体的特殊性

农产品品牌建设是一个系统工程，其建设主体可以是农业企业、农业行业组织、农户、政府等，狭义的农产品品牌主体是指农业企业，广义的农产品品牌主体包括政府、农业行业组织和农户，因而农产品品牌主体具有特殊性。

3. 农产品品牌价值开发的外在性

农产品品牌价值开发的外在性，是指农产品品牌的价值外溢。农产品的建设获益者不仅仅是加工、流通企业，还有广大农民。农民免费获得了农产品“创牌”带来的收益。同时，农民收益的提高又为当地的经济发展带来了活力，政府也是农产品“创牌”的受益者。

4. 农产品品牌的脆弱性

容易受损是农产品品牌的一大特点。典型的如 2008 年的三聚氰胺事件，涉及大量国内知名企业，也直接影响了我国奶业的发展。这和农产品自身的生物性和质量隐蔽性直接相关，因此，农产品品牌具有脆弱性。

四、农产品品牌建设特征

农产品品牌的特性决定了农产品品牌建设有自身的特殊性。

1. 农产品品牌建设受政策法规影响大

农产品供给关系到国家稳定、社会安定和经济发展。农产品供给既有量的供给也有质的供给，质的供给就是保障农产品安全优质，而农产品品牌是安全优质的承诺和保障。单纯依靠农业企业来控制质量、建设品牌难以收到较好效果，客观上要求政府必须利用政策、法律来规范有关主体行为，以保证农产品质量安全和品牌建设法制化、制度化。农业本身是微利行业，需要国家在政策、资金等方面给予倾斜，因此，农产品品牌建设与工业品牌和服务业品牌相比，具有受国家政策、法规影响大的特点。

2. 农产品品牌建设过程复杂

农产品品牌既有自身品牌，又包含质量标志，还有区域或集体标志，其各类品牌建设均耗时耗力，过程复杂。农产品品牌建设需要多个主体通力合作、全力以赴才能实现。政府、农户、农业行业协会和农业企业是独立的经济主体，其利益取向各不相同，协调一致相当困难。而农户在生产、销售过程中组织性较差，农产品质量也难以保证。与工业产品相比，农产品品牌起步晚、差距大、重点不突出、方向不明确、优势不明显，依托品牌来打造精品农业和特色农业的氛围尚未完全形成，农产品品牌建设过程复杂、难度大。

3. 质量安全是农产品品牌建设的根本

质量是农产品的生命线，是农产品品牌的根本。随着人们健康意识的不断增强，农产品质量安全日益成为社会关注的热点和焦点。而由于环境污染及生产者自律性差等，农产品质量安全事件时有发生，毒韭菜、毒生姜等事件不仅危及人们健康，更使产业发展受阻。出口的农产品中因有毒有害物质超标引起的拒收、退货销毁、索赔事件也屡有发生，给农业产业发展带来极大不利影响。农产品质量没有安全保障，品牌建设只能是空谈。

五、农产品品牌作用

农产品品牌是农产品生产经营者整合当地经济、社会文化等要素为自己的产品所确定的具有个性特色和竞争优势的名称和标志的组合，是消费者接受产品的重要信息源，是农产品生产经营者拥有的无形资产，是产品走向市场的通行证。开展农产品品牌建设，有利于提升产品竞争力，稳定消费群体，增加经济收入。

1. 增强农产品市场竞争力

优良稳定的质量是品牌农产品的核心竞争力。只有具有优良稳定质量的农产品，才能在同类产品中处于领先地位，保有市场竞争优势。同时，品牌农产品易于被消费者认识接受，会吸引更多的消费人群，排斥了非品牌生产者的进入，潜在竞争者遇到的进入障碍就更大，从而压缩非品牌农产品的市场份额。如陕西周至的猕猴桃在生产之初，严格质量管理，不滥用膨大剂，猕猴桃质优、价高、销量好。后来因利益驱动，滥用膨大剂成风，产量上去了，品质却下降了，失去了人们对产品的信赖，丧失了已经占领的市场。

2. 培育稳定消费群体

在品牌的3种表现形式中，产品品牌是基础，企业品牌是核心，区域品牌是目标。通过产品品牌建设，消费者愿意以较高的价格重复购买该产品，从而促进优质农产品的生产和销售；通过企业品牌建设，企业能够获得消费者的认同，从而使企业获得稳定的市场，并且这种认同可以扩展到同一品牌的其他产品上；通过区域品牌建设，可以树立良好的品牌形象和提高品牌质量，从而提高该品牌在国内外市场上的竞争力。品牌农产品在质量标准、营养含量、包装广告等方面规范稳定。农产品品牌的价值承诺刺激消费者安全营养的需求，从而挖掘出更多的消费潜力。消费者形成对品牌农产品的偏好，老顾客稳定，新顾客不断加入，为品牌农产品建立稳定的消费群体。

3. 增强应对市场风险能力

发展品牌农业，将有效提高生产组织化水平和推动规模化发展，形成产业集团优势。生产者和农业企业（合作社）之间的利益关系更加密切稳固，有助于形成稳定的销售网络和签订更多订单，从而稳定产品的价格，减少弹性，防止售卖困难，降低产品进入市场的门槛和节约经营者费用；增强对动态市场的适应性，减少未来的经营风险。品牌农业对基地建设、技术标准、农民素质、管理水平、社会服务等方面的要求，将有力促进公共资源在城乡之间均衡配置、生产要素在城乡之间自由流动，推动城乡经济社会融合发展。

4. 实现优质优价

我国普通农产品、劣质农产品与优质农产品并存的现状在未来很长一段时间内难以改变，农产品的品质和成本对于消费者来说很难掌握，而销售者则不然。在这种市场主体对优质农产品所拥有的信息不对称的情况下，消费者出于本能而愿意接受以市场平均价格购买优质农产品，销售者为了增大销量往往降价销售普通或劣质农产品，相比之下消费者则以更低的市场平均价格估价优质农产品。因此这种选择使得优质农产品受到错误的市场导向，导致优质农产品被普通和劣质农产品排挤出局。而农产品品牌经营会将优质农产品的特点和优势传递给消费者，使其积极购买，认识到物有所值，从而真正实现优质优价。

5. 提高经济效益

现代市场竞争已从农产品价格竞争、质量竞争逐步走向品牌竞争，品牌竞争已成为农业企业之间、农业生产区域之间经济竞争的重要特征。只有进行农产品品牌建设，形成自己的品牌，农产品在市场中才能实现最大价值。不仅如此，面对国内市场中众多的同类农产品，只有创建自己的品牌才能在同类农产品中脱颖而出，保持自己的竞争优势，获得更高的经济效益。开展农产品品牌建设，通过市场引导龙头企业，带动农户，围绕农产品生产，形成种养加、产供销服务网络为一体的专业化生产经营模式，从而提高产业链的整体效益和经济效益。陕西苹果是全国地理标志产品保护地域范围最大、受益农民最多的产品。据测算，陕西苹果价格每 500 克上涨 1 分钱，每亩纯收益就增加 13.98 元，保护区域内的果农就可增加收入 5000 万元，果农每户就可多收入 59 元。2010 年 10 月，洛川苹果以 25.23 亿元的品牌评估价值，入选中国农产品区域公用品牌和全国百强品牌，洛川苹果产地收购价比周边苹果主产区普遍高出 0.2~0.4 元/千克，真正实现了优质优价。

六、农产品品牌建设主要内容

优良的品牌不仅是企业的无形资产，能给企业带来直接和长远的经济效益，而且还是提升农产品市场形象、增强农产品市场竞争力的主要手段之一。对广大农产品生产经营者而言，必须树立 3 种意识，才能在品牌建设上立于不败之地。一是质量安全意识。应确立质量安全是产品核心竞争力的意识；推行安全生产，积极申报“二品一标”认证登记，给产品贴上安全优质的标签。二是市场意识。应坚持以市场为导向，有针对性地进行生产，减少生产过程中的盲目性、随意性、趋同性。三是宣传意识。优质优价是通过不懈的宣传营销实现的，应通过产品上电视、电台、报纸，亮品牌，加大宣传推介力度，从市场定位、品牌名称、质量管理、产品包装、市场营销等多方位全面塑造农产品品牌形象，扩大产品知名度、品牌影响力。

1. 市场定位准

农产品市场定位指农业生产经营者根据竞争者现有产品在市场上所处的位置，针对消费者对该产品某种特征或属性的重视程度，强有力地塑造本企业产品与众不同的鲜明个性或形象，并把这种形象生动地传递给顾客，从而确定该产品在市场中的适当位置。其实质是取得目标市场的竞争优势，也就是要使消费者感到企业的产品与众不同。这种与众不同可以通过产品实体方面体现出来，也可以从消费者心理方面反映出来，还可以从价格水平、品牌、质量、档次、技术先进性等方面表现出来。

（1）市场定位步骤 市场定位的主要任务是，首先确定企业可以从哪些方面寻求差异化；其次找到企业产品独特的卖点；然后开发总体定位战略，即明确产品的价值方案。市场定位一般包括 3 个步骤。

1）明确自身潜在的竞争优势：通过营销调研，了解目标顾客对产品的需要及其欲望的满足程度，了解竞争对手的产品定位情况，分析消费者对于本企业的期望，得出相应的研究结果，从中把握和明确自身的潜在竞争优势。

2）选择企业的相对竞争优势：从产品属性、技术开发、采购供应、营销能力、经营管理、资本财务等方面与竞争对手进行比较，准确地评价自身的实力，找出优于对手的相对竞争优势。

3）显示独特的竞争优势：通过一系列营销工作，尤其是宣传促销活动，把企业独特的竞争优势准确地传递给潜在顾客，并在顾客心目中形成独特的企业及产品形象。

（2）市场定位常见策略

1）“针锋相对式”策略：这种定位策略是把产品定在与竞争者相似的位置上，与竞争者争夺同一细分市场。例如，有的农户在市场上看别人经营什么，自己也选择经营什么。采用这种定位策略要求经营者具备资源、产品成本、质量等方面的优势，否则，在竞争中会处于劣势，甚至失败。

2）“填空补缺式”策略：这种定位策略不是去模仿别人的经营

方向，而是寻找新的、尚未被别人占领，但又为消费者所重视的经营项目，以填补市场空白。例如，有的农户发现在肉鸡销售中大企业占有优势，自己就选择经营饲养农家鸡，并采取活鸡现场屠宰销售的方式，填补大企业不能经营的市场“空白”。

3）“另辟蹊径式”策略：当农产品经营者意识到自己无力与同行业有实力的竞争者抗衡时，可根据自己的条件选择相对优势来竞争。例如，有的生产经营蔬菜的农户既缺乏进入超级市场的批量和资金，又缺乏运输能力，就利用区域集市，或者与企事业单位食堂联系，甚至走街串巷，避开大市场的竞争，将蔬菜销售给不能经常到市场购买的消费者。

2. 名牌名称亮

为产品取名实际上是选择适当的词或文字来代表产品。对消费者而言，品牌名称是引起其心理活动的刺激信号，它的基本心理功能是帮助消费者识别和记忆产品。品牌名称的好坏，给消费者的视觉刺激、感受程度和心理上引起的联想差别很大，从而对生产企业的认知感也不同。从一般意义上来讲，品牌命名的基本要求是，当产品进入市场，人们要认识它、记忆它，首先要记住的就是它的名字，可以说品牌名称是品牌形象设计的主题和灵魂。

创牌既是为了宣传、扩大影响，同时也是为了保护品牌。一个好的品牌名称和醒目易识的品牌标志，要与产品特性相符，具有产品联想功能，如珍珠米、金牛畜牧；要具有独特性；能够清楚地传达产品；易读、醒目易记，让人印象深刻；尽量少用笼统的产地品牌。

（1）农产品品牌命名基本要求

1）品牌名称要有助于建立和保持品牌在消费者心目中的形象。品牌名称要清新高雅，不落俗套，充分显示产品的高品位，从而塑造出高档次的企业形象。

2）品牌名称要有助于产品区别于同类产品。选择名称时，应避免使用在同类产品上已经使用过的或音义相同、相近的名称。如果不注意这点，难免会使消费者对品牌认识不清和对企业认识模糊，鲜明的企业形象的建立更是无从说起。

3）品牌名称要充分体现产品的属性所能给消费者带来的益处，从而通过视觉的刺激，使消费者产生对产品、对企业认知的需求，这是品牌形象深入人心的基础。

4）品牌名称要符合大众心理，能激发消费者的购买动机，使企业形象的树立有一个立足点。这是品牌最需要注意的问题。例如，现在的人比较注意身体和身心的健康，注意营养元素的合理搭配，所以像富含硒元素的茶叶、苹果会受到部分消费者的青睐。

5）品牌名称应注意民族习惯的差异性，这样树立企业形象才更有效，更具针对性。国内外各地区的喜好、禁忌不同，品牌的命名更应慎之又慎。

6）品牌命名要合法。要遵循商标法和知识产权法的有关规定，否则，即使市场运作开了也容易“为他人作嫁衣”。

（2）农产品命名常见方法

1）以产地来命名：一方水土养一方人。许多农产品受水土的影响，其质量、味道、口感差别较大，因而农产品流行的地域性比较强。用产地来命名，有助于了解这些地方的人并对该产品产生亲近感和信任感，如洛川苹果、山西老陈醋、郴州梨、眉县猕猴桃等。

2）以动物、花卉名称命名：用形象美好的动物、花卉名称命名，可以引起人们对产品的注意与好感，并追求某种象征意义，如宝鸡千阳县的桃花米和眉县的老牛面粉等。

3）以人名命名：这种名称或以人的信誉吸引消费者，或以历史、传说人物形象引起人们对产品的想象，如王莽鲜桃等。

4）以企业名称命名：这种以企业名称命名的品牌，突出了产品生产者的字号和信誉，能加深消费者对企业的认识，有助于突出品牌形象，以最少的广告投入获得最佳的传播效果，例如，海升果汁、银桥乳业、华圣苗木、佳沛奇异果等。

5）以产品制作工艺和产品主要成分命名：此种命名法是为了引起消费者对其质量产生信赖感，如空心挂面、虫子鸡蛋等。

6）以具有感情色彩的吉祥词或褒义词命名：此法目的在于引起人们对产品的好感，如福锦米、银桥牛奶等。

3. 质量管理优

（1）全程管理保质量 在农产品品牌创建过程中，按标准组织生产管理，是提高农产品质量、保证农产品安全的有效措施和手段，是打造品牌的基石。由于很多农产品企业采用的是“公司+农户”的运营模式，虽然扩大了农产品的生产规模，但管理的不力致使农产品的质量并不稳定，造成数量与质量之间的矛盾。因此，农产品企业要坚持做到质量有标准，生产有规程，产品有标识，市场有监测。把质量管理贯穿始终，严格按照生产操作规程，认真做好农业环境质量监测、产品质量监测，规范产前、产中、产后的配套生产技术标准，制定严格的产品质量标准，稳定农产品的内在品质。

（2）安全认证提形象 我国最大的农产品质量安全品牌是“三品一标”，前文已经详细论述过。无公害食品是保障国民食品安全的基准线，绿色食品是有我国特色的安全、环保食品，有机食品是国际上公认的安全、环保、健康食品，地理标志是地域特色农产品的代表。随着消费者健康消费观念的增强，“三品一标”都以鲜明的形象和品质越来越受到消费者欢迎。经过安全认证的农产品可以让消费者更有安全感、信赖感和购买欲。依据农产品特性、市场定位、消费群体等，选择相应的安全认证方式，如菜篮子、米袋子的大宗产品，通过无公害认证即可。有出口需要的农产品，可考虑进行有机认证或体系认证。

（3）独特品质拓市场 农产品多以入口的食品形式出现，同一农产品的同质性也较强，在保持农产品自身特色的基础上，必须从育种改良、种植工艺、加工标准等方面进一步提升，在“特”字上做文章，通过农产品的差异化凸显与众不同、出类拔萃，吸引消费者眼球，开拓消费市场。

如四川圣迪乐村集团开发的高品质鸡蛋，严格按照有机食品标准，采用树林放养模式，母鸡都是吃山野间的昆虫、喝山泉水长大的。由于在生产环节中保持着原始的生态环境，圣迪乐有机鸡蛋的品质、色泽、口感、营销量有了大幅度提升，在上海市场，1 枚蛋卖到 4 元钱，是普通鸡蛋的数倍，因为品质优异，每天能销售数千枚，成为高端人群日常生活的必需品。

4. 产品包装靓

产品的包装要和产品的优良品质相得益彰。研究发现，一个产品的价值60%来自包装，因为消费者有时候并不了解产品本质，往往借助于包装形象、文字说明的生动展示才能感觉到。大多数企业仅是在包装上印着各种认证的标志，极少具体说明产品的特色和详细信息，错失了与消费者最直接、成本最低的沟通机会。

农产品的包装，大致可以分为内包装和外包装。外包装除了选择农产品常用的绿色以外，还可以多采用橙黄色、金黄色、红色等象征阳光、档次、生命的色调，尽量在包装的正面设计一个鲜明的形象，使消费者能在5米之外就能看到。而在外包装的背面可以采用图片配合文字的说明方式，介绍农产品的来源、历史、产地、文化、特色、营养成分、食用人群、食用方法等信息，更关键在于介绍农产品的与众不同之处，而相应的生产厂家和联络方式的文字相应小一些，因为这不是消费者关注的主要信息。外包装的材质可以根据农产品的质地、大小，大胆地采用一些特别的材质，比如陶罐、牛皮袋、瓷器等，从而突出形象，彰显农产品的价值。

5. 文化内涵深

许多名特优农产品，背后都有一段特别的传奇故事，作为经营者，其实不仅仅是在销售农产品本身，也是在销售和推广一种文化、一种理念、一种生活方式。每个人不管身处何方，地位境遇如何，都有回归自我、崇尚自然的渴望，农产品的传奇故事就是在营造着这种氛围和体验，以吸引更多有购买力的消费者。如平利和紫阳的茶叶，都是富硒，但平利胜在有女娲山，女娲补天的神话在平利广为流传；更有传说，清乾隆年间，布政司有个叫李良田的员外郎，是平利县女娲山三里垭人，其母贤良有嘉，感动乾隆皇帝，恩赐“母仪一方”的御匾，李母为报谢皇恩，托官差将自己亲手采制的“毛尖”茶敬奉乾隆。饮遍名茶名水的乾隆皇帝品尝后赞不绝口，称之为茶中上品，此后，平利岁岁贡茶，女娲茶声名鹊起，被冠以“贡茶”驰名于世。人们在品平利茶的同时，也传承着忠良孝悌。

6. 市场营销奇

好产品还要会吆喝，要摒弃“酒香不怕巷子深”“皇帝女儿不愁嫁”的思想，在产品推介宣传上下功夫、出奇招。要善于利用媒体广告及博览会、招商会、网络营销、专题报道、展销会和公共关系等多种促销手段，进行品牌的整合传播，要会宣传、巧宣传、借力宣传，提高公众对品牌的认知度和美誉度，做强做大品牌。同时，要使传统农业的单一生产功能向综合功能发展，展示生态、旅游农业之路，实现经济效益与社会效益的统一。更要重视现代物流新业态，广泛运用现代配送体系、电子商务等方式，开展网上展示和网上洽谈，增强信息沟通，搞好产需对接，以品牌的有效运作不断提升品牌价值，扩大知名度。

一句鲜明的广告词就能引起消费者的注意，唤起他们的购买冲动。如白水苹果的广告词“白水苹果，亿万人民的口福”，能立刻让人联想到苹果的口感，产生品尝一下的冲动。采用传统的广告传播模式，对农产品企业来说经济压力大又见不到多少效益，采取事件营销、新闻营销、公关营销等新的营销模式，就易于打开市场。网上某大学教授卖大米的新闻，获得了极高的关注，那家企业的销售压力也得到了缓解，而我们身边有许多事件可以用来借力宣传。如农夫山泉品牌的成功使浙江的千岛湖妇孺皆知。因此有一家企业乘机推出了千岛湖有机鱼头，通过新闻发布会的形式宣传产品，很多高档酒店和水产商人闻讯而来，竟然把这家企业 3 年的产量都吃了下来，根本不愁卖不出去，价格还在不断攀升。

第十章
常见农药种类与安全使用规范

第一节　常见农药种类

农药广义上是指用于预防、消灭或者控制危害农业、林业的病、虫、草和其他有害生物，以及有目的地调节植物、昆虫生长的化学合成或者来源于生物、其他天然物质的一种物质或者几种物质的混合物及其制剂。狭义上是指在农业生产中，为保障、促进植物和农作物的成长，防治危害农林牧业生产的有害生物（害虫、害螨、线虫、病原菌、杂草及鼠类）和调节植物生长的化学药品，包括改善有效成分物理、化学性状的各种助剂。

目前，全世界已商品化的农药品种有2000余种，现常用的农药品种有500种左右，我国常年生产的有200多个品种、3000多个制剂产品。为了正确、合理地使用各种农药，有必要对农药进行科学合理的分类。

农药分类方法多样，为了更好地指导生产，现在多根据原料来源、作用机理等方面进行分类。

一、按原料来源分类

按照制作农药的原料来源，可将农药分为矿物源农药、生物源农药和化学合成农药3种。

1. 矿物源农药

矿物源农药是指由矿物质原料加工而成的，有的是用无机矿物原料加工制成，有的是用矿物油加工成乳剂。现在使用较多的矿物源农药主要有铜制剂与硫制剂，如波尔多液、石硫合剂、王铜（碱式氯化铜）等，它们一般作为杀菌剂使用，硫制剂也可作为杀螨剂，因为易对农作物产生药害，一般多用在果树休眠期杀虫、杀螨。

2. 生物源农药

生物源农药是指制剂利用生物产生的生物活性物质或生物活体作为农药，以及人工合成的与天然化合物结构相同的农药。因其专一性强，一般只针对某种或某类病虫起作用，对人和环境危害较小，应用前景好。根据其来源不同，可以分为植物源农药、动物源农药和微生物农药 3 种。

（1）植物源农药 植物源农药是指利用植物资源开发的农药，包括从植物中提取的活性成分、植物本身和按活性结构合成的化合物及衍生物，如除虫菊素、烟碱、鱼藤酮、印楝素、油菜素内酯等。植物源农药来源有限、不易实现大规模种植是制约其发展的重要因素。

（2）动物源农药 动物源农药包括动物体生物农药和动物的生物化学农药。前者是直接利用人工繁殖培养的活动物体，如寄生蜂、草蛉、食虫食菌瓢虫及某些专食害草的昆虫，以杀死农作物上的病虫害。后者是利用动物体的代谢物或其体内所含有的具有特殊功能的生物活性物质，如昆虫所产生的各种内、外激素，这些昆虫激素可以调节昆虫的各种生理过程，以此来杀死害虫，或使其丧失生殖能力、危害功能等，可以称为动物的生物化学农药。

（3）微生物农药 微生物农药包括活体微生物和微生物代谢物。前者是有害生物的病原微生物活体，如苏云金芽孢杆菌、核型多角体病毒等。后者是微生物进行生物合成的化学物质，如阿维菌素、多抗霉素等。微生物农药可以通过微生物发酵实现大规模生产。

【注意】

当前的生物源农药具有靶标性强、对环境友好、低残留等优点，具有广阔的市场空间，是当前及今后的发展趋势。

3. 化学合成农药

化学合成农药是由人工研制合成的，化学结构复杂，品种多，应用范围广，可规模化生产，见效快，是现在最常使用的一类农药。

二、按作用机理分类

1. 杀虫剂

杀虫剂可根据作用机理的不同分为以下9种，注意应根据靶标害虫的生活习性、取食方式等，选择对应的、防效好的药剂。

（1）胃毒剂　药剂通过害虫的口器和消化系统进入虫体发挥毒效作用，称胃毒作用。具有胃毒作用的药剂叫胃毒剂，如敌百虫等。胃毒剂适用于防治咀嚼式、虹吸式和舐吸式口器的害虫。鳞翅目幼虫如毛毛虫（彩图56）、鞘翅目的瓢虫（彩图57）多为咀嚼式口器，使用此类杀虫剂防效好。

（2）触杀剂　药剂与害虫体壁接触渗入虫体发挥毒效作用，称触杀作用。具有触杀作用的药剂叫触杀剂，如有机磷类、拟除虫菊酯类农药等。触杀剂适用于防治各类口器的害虫，但对体壁被有较厚的蜡层或骨化程度较高的害虫（如蚧壳虫）防效不佳。

（3）熏蒸剂　药剂在常温常压下能挥发成气体，并能通过害虫的呼吸系统进入虫体发挥毒效作用，称熏蒸作用。具有熏蒸作用的药剂叫熏蒸剂，如溴甲烷、磷化铝等。

（4）内吸性杀虫剂　药剂能被植物的根、茎、叶、种子等部位吸收，并传导到植物体的其他部位，当害虫取食植物组织或汁液时发挥毒效作用，这种作用叫内吸杀虫作用。具有内吸杀虫作用的药剂叫内吸性杀虫剂，如乐果、乙酰甲胺磷、吡虫啉等，内吸性杀虫剂对刺吸式口器害虫防效显著。蜡蝉（彩图58）、叶蝉（彩图59）等半翅目昆虫多为刺吸式口器，使用此类杀虫剂防效好。

（5）驱避剂　药剂能使害虫不敢接近或者能驱散害虫以保护人、畜或农林植物不受害，这种作用叫驱避作用。具有驱避作用的药剂叫驱避剂，本身无杀虫活性，而是以挥发出的气味驱避昆虫，如樟脑、避蚊胺等。

（6）引诱剂 药剂能诱集害虫，这种作用叫引诱作用。具有引诱作用的药剂叫引诱剂，一般可分为食物引诱剂、性引诱剂和产卵引诱剂 3 类，如梨小食心虫性诱剂、甜菜夜蛾性诱剂、糖醋液等。

（7）拒食剂 害虫取食药剂后，食欲减退以致破坏消化功能，不再取食，直至饿死，这种作用叫拒食作用。具有拒食作用的药剂叫拒食剂，如拒食胺、印楝素等。

（8）绝育剂 药剂破坏了害虫的生殖功能，使它不能繁殖后代，如对成虫处理后，能使其当代不能正常产卵，即使产卵也不能正常孵化，即使正常孵化，也可引起其后代不正常生育，并导致绝种，这种作用叫绝育作用。具有绝育作用的药剂叫绝育剂，如秋水仙素、喜树碱、绝育磷等。

（9）昆虫生长调节剂 药剂通过昆虫体壁或消化系统进入虫体，破坏其正常的生理功能，阻止其正常的生长发育，如阻止几丁质的形成使其不能顺利蜕皮，或影响卵的孵化和成虫羽化过程使其生长畸形，从而将其杀死。这类药剂防治对象专一、选择性强、活性高、毒性低、残留少，对人、畜和其他有益生物安全，如早熟素、灭幼脲、除虫脲等。

2. 杀菌剂

杀菌剂按照作用机理的不同可分为以下 3 种。

（1）保护性杀菌剂 施用后在植物表面形成一层保护膜，这层药膜能抵御病原菌的入侵，而保护作物不被病原菌侵染。但施用时必须在病原菌未侵染之前，而且喷雾必须细致周到，覆盖全部植株（包括叶背面），才能起到药剂保护作用，如波尔多液、代森锌、退菌特和嘧菌酯（阿米西达）等。

（2）治疗性杀菌剂 指能被植物叶、茎、根、种子吸收进入植物体内，经植物体液输导、扩散、存留或产生代谢物，可防治一些深入植物体内或种子胚乳内的病害，抑制其继续在植物体内扩展或将其直接消灭，以保护植物不受病原菌的浸染或对已感病的植物进行治疗，因此具有治疗和保护作用，如多菌灵、噻菌铜、甲霜灵、甲基托布津、三唑酮等。

(3) 铲除性杀菌剂　直接接触植物病原并杀伤病原菌，使它们不能侵染植株。此类药剂作用强烈，植物生长过程常不能忍受，多用于处理休眠期植物、未萌发的种子或处理土壤，如石硫合剂、福美胂等。

无论是哪种杀菌剂，都应在植物发病初期或表现病状前使用，才会发挥相应的作用。

3. 除草剂

除草剂可根据作用机理的不同分为以下 2 种。

(1) 内吸性除草剂　药剂施用于杂草或有害植物表面或土壤内，通过杂草等的根、茎、叶吸收，并在植物体内传导，破坏其正常生理功能，从而达到杀死杂草植株的目的，如草甘膦和 2,4-D 丁酯等，但药效表现一般较慢。

(2) 触杀性除草剂　药剂使用后杀死直接接触药剂的杂草活组织，药剂不能在植物体内传导，因此只能杀死接触药剂的杂草的地上部分，对接触不到药剂的杂草地下部分无效。在施用此类药剂时要求喷药均匀，如百草枯，药效表现一般较快。

三、按有效成分分类

按有效成分可将杀虫剂分为有机磷类杀虫剂、氨基甲酸酯类杀虫剂、拟除虫菊酯类杀虫剂、新烟碱类杀虫剂、苯甲酰脲类杀虫剂、二酰胺类杀虫剂等；杀菌剂可分为无机硫类杀菌剂、有机硫类杀菌剂、铜制剂杀菌剂、酞酰亚胺类杀菌剂、抗生素类杀菌剂、苯并咪唑类杀菌剂、有机磷类杀菌剂、苯基酰胺类杀菌剂等。

第二节　农药安全使用

一、农药配制方式

配制农药时采用二次稀释又名两步配制法，即先用少量水将药液调成浓稠母液，然后再稀释达到所需浓度。

以常用的液体农药为例，需要的材料为：药剂、配药容器、稀释剂（水）、搅拌棒（木棍）、喷药机，具体操作如下。

1）按照施药规定浓度，以喷药机的容积为准，计算所需药剂和稀释剂（水）的量，放在一旁备用。

2）在配药容器里先倒入少量准备好的稀释剂（水），再将定量药剂慢慢倒入配药容器内，搅拌使之分散均匀。

3）将已初步稀释的药剂倒入喷药机中，加入剩余的水，用木棍等轻轻搅拌均匀后即可使用。

【提示】

二次稀释方法简单，但优点多多。

① 能够保证药剂在水中分散均匀，避免底部浓度高、上部浓度低，喷雾不均衡。

② 有利于准确用药。针对部分用量极少的药剂，二次稀释可确保药剂施用量达到标准。

③ 可有效降低药剂中毒风险。后续使用多为调制好的母液，较原液浓度低，中毒风险低。

二、农药混配

农药混配，是指将两种或两种以上农药或将农药与植物营养物质混配使用，也称农药混用。

1. 农药混用的效能

（1）相加作用（1+1=2） 指两种或多种有效成分混合后进行防治所产生的控害效应是这几种药剂的作用之和，是通常药剂混用所预期的控害效能。混用时应采取“常量混用”，即不改变混用药剂的常规使用浓度。

1）扩大防治范围：在生产中农户进行多种药剂混配往往都是为了实现一次用药防治多种病虫草害的目的，甚至还与肥料进行混用，可同时补充植物所需要的营养元素。

2）提高防治效果：一般害虫都需要经历卵、幼虫（若虫）、蛹（伪蛹）、成虫等几个发育阶段，但许多杀虫剂往往仅对其中一种虫态有杀灭作用，而虫害发生多为世代重叠，因此扩大防治虫态范围可以大幅度提高防效、延长持效。

3）多种作用叠加：各种防治药剂都具有各自的优势，如单用噻嗪酮在防治粉虱等害虫时具有作用速度慢但持效期长的特点，因此在生产中可选择与菊酯类（如高效氯氰菊酯等）、氨基甲酸酯类（如速灭威、灭多威等）或有机磷类（辛硫磷等）进行混用，既可提高对害虫的击倒速度，又可延长对害虫的控制时间。防治病害时首先应以预防为主，且在病害发生高峰期间往往采用治疗性杀菌剂+保护性杀菌剂相结合的方法进行防治，使病原菌的作用位点增加从而有效延缓抗药性的产生，并同时达到保护和治疗的双重目的。

（2）增效作用（1+1>2） 指两种有效成分混合使用后所产生的控害效应大于该两种有效成分单独作用之和，使药剂混用产生更经济有效的控害效能。混用时应采取“减量混用”，即相应地降低混用药剂的使用浓度或用量。如矿物油类与绝大多数化学药剂进行混用均有明显的增效作用，不仅可以降低药剂的使用浓度，而且混用后达到的防治效果和药剂持效期远远大于两种药剂常用浓度单独使用的效果。农药助剂如有机硅表面活性剂等，和化学农药进行混用，可改善药剂在作物体上的附着或渗透作用，从而减少药剂损耗，提高药剂利用率，增强防治效果。

2. 农药混用的原则

1）混用的农药物理性状应保持不变。混用农药时要注意不同成分的物理性状是否改变，这不仅是发挥药效的条件，也可防止因性状变化而导致失效或产生药害。

× 混合后产生分层、絮结和沉淀的农药不能混用。

× 出现乳剂破坏、悬浮率降低甚至有结晶析出的也不能混用。

× 有机磷可湿性粉剂和其他可湿性粉剂不宜混用。

× 一些酸性含有大量无机盐的水剂农药与乳油农药混用时会有破乳现象，要禁止混用。

× 不同剂型之间，如可湿性粉剂、乳油、浓乳剂、胶悬剂等与以水为介质的液剂不宜任意混用。

√ 乳油和水剂混时，可先配水剂药液，再用水剂药液配制乳油药液。

√ 如果同为粉剂或同为颗粒剂、熏蒸剂、烟雾剂，一般都可混用。

2）混用的农药不能起化学变化，起化学变化的药剂混用易出现药害。

× 有机磷类、氨基甲酸酯类、菊酯类杀虫剂和二硫化氨基甲酸衍生物杀菌剂（如福美双、代森锌、代森锰锌等）农药在碱性条件下会分解，从而破坏原有结构，因此不能与碱性农药（如波尔多液、石硫合剂等）混用。

× 大多数有机硫杀菌剂对酸性反应比较敏感，混用时要慎重，如在酸性条件下 2,4-D 钠盐、2 钾 4 氯钠盐、双甲脒等会分解，因而降低药效。

× 一些农药不能和含金属离子的药物混用，如甲基托布津、二硫化氨基甲酸盐类杀菌剂、2,4-D 类除草剂、甲基硫菌灵易与铜离子络合，因此不宜与铜制剂混用，与含其他重金属的制剂混用时也要慎用。

3）混用农药不能相互影响，具有交互抗性的农药不宜混用。

× 如杀菌剂多菌灵、甲基托布津具有交互抗性，混用时不但不能起到延缓病原菌产生抗药性的作用，反而会加速抗药性的产生，所以不能混用。

× 微生物源杀虫剂和内吸性有机磷杀虫剂不能与杀菌剂混用，因为部分杀菌剂与微生物源杀虫剂如杀螟杆菌、白僵菌等混用，易杀死其中的微生物，降低防治效果。

4）混用的农药可能提高毒性。农药混用可能比单一用药的效果好，但是，它们的毒性也有可能会增加。

× 马拉硫磷与苯硫磷等混用，乐果与稻瘟净、异稻瘟净混用，对一些害虫有明显的增效作用，但同时也增加了对人、畜的毒性，因此不能混用。

5）混用农药应有不同的作用机理或不同的防治对象，起互补的作用。

√ 复配杀虫、杀菌甚至除草剂，或混用不同杀菌谱的杀菌剂，可有效扩大防治对象，达到减少用药次数的目的。如在小麦抽穗灌浆期，混用三唑酮、吡虫啉和磷酸二氢钾既可兼治蚜虫、白粉病和锈病，又能促进小麦旗叶的生长，增加光合作用，延长小麦生长，防止干热风的危害。

√ 将速效性药剂和药效高但见效慢的药剂混用，如菊酯或毒死蜱与阿维菌素混用。

√ 将作用机制不同（无交互抗性）的药剂混用，既可以起到延缓耐药性上升的作用，也提高了防治效果和延长了药剂的有效期。

总之，混用农药要明确混配药剂的使用范围。混用农药只有在使用范围上和效果上有自己的特点，混用才有意义。无论混用什么药剂，都应该注意现用现配和先分别稀释再混合的原则。

【注意】

选择适当的时机和药剂，农药混用前要仔细阅读说明书，做可混性试验。

3. 农药混合使用时的用药量计算

混合使用时，各组农药的取用量必须分别计算，而水的用量则合在一起计算。例如，要用多菌灵可湿性粉剂与马拉硫磷乳油混合兼治猕猴桃叶斑病和椿象危害，两种农药的取用量分别计算，各需 100 克有效成分，应取 25%的多菌灵可湿性粉剂 400 克和 45%的马拉硫磷乳油 222 克。如用常用的喷雾器每亩用水量是 100 升，则把上述两种农药同时配加在 100 升水中即可（顺序应先加乳油制剂乳化稳定后再加入可湿性粉剂），此时的两种药剂的浓度分别为 0.1%。如果先把两种农药分别配成 0.1%浓度的药液，即称取 25%的多菌灵可湿性粉剂 200 克倒入 50 升水中，再称取 45%的马拉硫磷乳油 111 克倒入 50 升水中，然后混合到一起，最后两种药的有效成分就会各降低一半，这样的药剂使用的效果就会很差，甚至无效。

第三节 常见农药安全使用规范

因为在猕猴桃上登记使用的农药数量较少，在此介绍一些不仅限于猕猴桃的果树绿色生产允许使用的农药安全使用规范及注意事项。

【注意】

农药安全使用基本原则：

1）查看说明书，严格按照说明书规定用量和注意事项用药。

2）严格根据农药复配原则做好农药复配使用。

3）注意施药时期和时间。

一、杀虫剂

1. 辛硫磷

辛硫磷高效、低毒、低残留杀虫剂，具有触杀及胃毒作用，可用于防治鳞翅目幼虫及蚜虫、螨类、蚧壳虫等，茎叶喷洒时持效期短，有效期仅2~3天，但对地下害虫有效期长达30~60天。

【注意事项】 辛硫磷易光解失效，应在傍晚或阴天时喷药，避免阳光照射影响药效。果实采收前15天停止使用，在园林植物幼苗上慎用。

2. 毒死蜱

毒死蜱高效广谱性杀虫剂，是替代高毒有机磷农药的主要品种之一，具有触杀、胃毒和熏蒸作用，无内吸作用。该药在土壤中持效期长，对鳞翅目幼虫、蚜虫、螨类防治效果好，对地下害虫也有很好的防治作用。

【注意事项】 毒死蜱易造成蔬菜农残超标，所以在蔬菜上禁止使用，不能与碱性农药混用，为保护蜜蜂，应避免在开花期使用。各种作物收获前应停止使用此药剂。

3. 茚虫威

茚虫威是新型氨基甲酸酯类杀虫剂，具有触杀、胃毒作用，可有效防治粮、棉、果、蔬等作物上的多种害虫，控制害虫危害具有速效性，对哺乳动物、家畜低毒，同时对环境中的非靶生物等非常安全，在作物中残留低。

【注意事项】 茚虫威需与不同作用机理的杀虫剂交替使用，建议连续使用次数不超过 3 次，以避免抗药性的产生。清晨、傍晚施药效果更佳。

4. S-氰戊菊酯（顺式氰戊菊酯）

S-氰戊菊酯的触杀作用强，有一定的胃毒和拒食作用，效果迅速，击倒力强，可用于防治鳞翅目、半翅目、双翅目害虫的幼虫，对螨类无效，对人、畜中毒，对鱼、蜜蜂高毒。

【注意事项】 S-氰戊菊酯不能与碱性农药混用，要随配随用，同时发生害螨的植物上要配合杀螨剂使用。

5. 甲氯菊酯（灭扫利）

甲氯菊酯具有触杀、胃毒及一定的驱避作用，杀虫谱广，可用于防治鳞翅目、鞘翅目、同翅目、双翅目、半翅目等害虫及多种害螨，对人、畜中毒，对鱼、蚕、蜜蜂高毒。

【注意事项】 甲氯菊酯应与有机磷类、有机氯类等不同类型药剂交替使用或混用，以防产生抗药性；在低温条件下药效更高、持效期更长，特别适合早春和秋冬使用；用于苹果树的采收安全间隔期为 14 天。

6. 联苯菊酯（氟氯菊酯）

联苯菊酯具有触杀、胃毒作用，既有杀虫作用又有杀螨作用，可用于防治鳞翅目幼虫、蚜虫、叶蝉、粉虱、潜叶蛾、叶螨等，对人、畜中毒。

7. 氟氯氰菊酯（氟氯氢醚菊酯）

氟氯氰菊酯具有触杀及胃毒作用，杀虫谱广，作用迅速，对多种鳞翅目幼虫、蚜虫、叶蝉等有良好的防效，对人、畜低毒。

8. 氯氰菊酯

氯氰菊酯仅有触杀作用，杀虫谱广，可用于防治果树、蔬菜、草坪等植物上的鞘翅目、鳞翅目和双翅目害虫，也可防治地下害虫，还可防治牲畜体外寄生虫，对蚊、蝇等卫生昆虫均有良效。

9. 高效氯氰菊酯

高效氯氰菊酯具有触杀和胃毒作用，广泛用于防治农业害虫和卫生害虫，对鳞翅目、半翅目、双翅目、同翅目、鞘翅目等害虫均有良好的防效。

【注意事项】 高效氯氰菊酯没有内吸作用，喷雾时必须均匀周密；安全采收间隔期一般为 10 天；对鱼、蜜蜂和家蚕有毒，不能在蜂场和桑园内及其周围使用。

10. 除虫脲

除虫脲以胃毒和触杀作用为主，对鳞翅目害虫有特效，对鞘翅目、双翅目等多种害虫也有效。

【注意事项】 施药宜早，掌握在幼虫低龄期为好；贮存时应放在阴凉、干燥处，胶悬剂如有沉淀，用前摇匀再配药；家蚕养殖区施用本品应慎重。

11. 氟虫脲

氟虫脲具有胃毒和触杀作用，作用缓慢，一般施药后 10 天才有明显效果。广泛用于果树、棉花、葡萄、大豆等作物，对害螨和其他许多害虫均有特效，对益螨和天敌昆虫安全。

【注意事项】 由于该药杀灭作用较慢，所以施药时间要较一般杀虫、杀螨剂提前 2~3 天。喷药时应均匀、细致、周到。

12. 氟铃脲

氟铃脲具有胃毒和触杀作用，具有很高的杀虫和杀卵活性，速效，尤其是防治棉铃虫，在害虫发生初期（如成虫始现期和产卵期）施药最佳，在高湿条件下施药可提高杀卵的效果。

【注意事项】 对食叶害虫应在低龄幼虫期施药；对钻蛀性害虫应在产卵盛期、卵孵化盛期施药；该药剂无内吸性和渗透性，喷药要均匀、周密。

13. 灭幼脲（一氯苯隆）

灭幼脲以胃毒作用为主，对鳞翅目幼虫有良好的防治效果，对益虫、蜜蜂等膜翅目昆虫及森林鸟类几乎无害，对人、畜和天敌安全。

【注意事项】 该药在 2 龄前幼虫期施用防治效果最好，虫龄越大，防治效果越差；该药于施药 3~5 天后药效才明显，7 天左右出现死亡高峰；忌与速效性杀虫剂混配，否则灭幼脲类药剂就失去了应有的绿色、安全、环保作用和意义；灭幼脲悬浮剂有沉淀现象，使用时要先摇匀后加少量水稀释，再加水至合适的浓度，搅匀后喷用；灭幼脲类药剂不能与碱性物质混用，以免降低药效。

14. 吡虫啉（蚜虱净）

吡虫啉是新型烟碱类杀虫剂，超高效、低毒，以内吸作用为主，同时具较强的触杀和胃毒作用，具有速效、持效期长、对天敌安全等特点，对蚜虫、飞虱、叶蝉等有极好的防治效果。

【注意事项】 吡虫啉不宜在强阳光下喷雾使用，以免降低药效。最近几年的连续使用，造成了很高的抗药性，国家已禁止在水稻上使用该农药。

15. 啶虫脒（乙虫脒）

啶虫脒是新型烟碱类杀虫剂，具有较强的触杀、胃毒和内吸作用，对同翅目害虫效果好，速效，对人、畜低毒，对天敌杀伤力小。

16. 噻虫嗪

噻虫嗪是一种全新结构的第二代烟碱类高效低毒杀虫剂，具有胃毒、触杀及内吸作用，用于叶面喷雾及土壤灌根处理，施药后迅速被内吸，并传导到植物各部位，对刺吸式害虫有良好的防治效果。

【注意事项】 不要在低于-10℃和高于 35℃的环境下贮存；该药剂杀虫活性高，用药时不要盲目加大用药量。

17. 甲氨基阿维菌素苯甲酸盐（甲维盐）

甲氨基阿维菌素苯甲酸盐是一种微生物源低毒杀虫、杀螨剂，是在阿维菌素的基础上合成的高效生物药剂，具有活性高、杀虫谱广、可混用性好、持效期长、使用安全等特点，作用方式以胃毒为主，兼有触杀作用。

【注意事项】 不要在鱼塘、蜂场、桑园及其周围使用，药液不要污染池塘等水域。该药剂对蜜蜂有毒，不要在果树开花期使用。一般作物的安全采收间隔期为 7 天。

18. 螺虫乙酯

螺虫乙酯是一种新型农药，具有很好的内吸作用，能在植物体内向上、向下传导，是具有双向内吸传导性能的现代杀虫剂之一，可以保护新生茎、叶和根部，防治害虫的卵和幼虫生长。该药剂对刺吸式口器害虫有很好的防治效果，对鱼中毒，对家蚕、蜜蜂、鸟均低毒，速效性较好，持效期为 30 天左右。

二、杀菌剂

1. 石硫合剂

石硫合剂是由硫黄、生石灰和水熬制而成，配比是生石灰：硫黄：水为1 ：2 ：10，其有效成分是多硫化钙，主要用作杀菌剂，此外还具有一定的杀虫、杀螨作用，可防治果树上的多种害螨及蚧壳虫。以前主要由果农自己熬制，现在有加工好的制剂销售。

【注意事项】 石硫合剂多于果树休眠期使用，现熬现用；气温达到 32℃以上时慎用；桃、李等蔷薇科和紫荆、合欢等豆科植物对石硫合剂敏感。

2. 波尔多液

波尔多液是硫酸铜和生石灰加水后的混合制剂，是一种良好的保护性杀菌剂，黏着性很好，喷洒在植物表面后，可形成一层保护膜，不易被雨水冲刷掉，杀菌范围广，适宜在病原菌入侵植物前使用。

【注意事项】 现用现配，久置失效；配制时先用少量水把生石灰溶解成石灰乳，其余的水配制硫酸铜溶液，然后将硫酸铜溶液慢慢倒入石灰乳中，边倒边搅拌；不能与石硫合剂混用。

3. 氢氧化铜（可杀得）

氢氧化铜为保护性铜基广谱杀菌剂，药剂扩散和附着性好，施药后能均匀地黏附在植物体表面，不易被雨水冲刷，病原菌不易产生抗药性，能兼治真菌与细菌病害，对人、畜低毒。

【注意事项】 温室、大棚内慎用该药剂。

4. 春雷霉素

春雷霉素小金色放线菌产生的水溶性抗生素，对人、畜、鱼虾类、蚕等均为低毒，具有较强的内吸性，对病害有预防和治疗作用。春雷霉素是防治多种细菌和真菌性病害的理想药剂，有预防、治疗、生长调剂功能。

【注意事项】 该药剂应存放在阴凉处；稀释的药液应一次用完，如果搁置易被污染、失效；不能与酸性农药混用；要避免长期连续使用春雷霉素，否则易产生抗药性。

5. 多抗霉素

多抗霉素是一种广谱性抗生素杀菌剂，具有较好的内吸传导作用。其作用机制是干扰病原菌细胞壁几丁质的生物合或，可抑制病原菌产孢和病斑扩大，因此仅对真菌性病害有效，且对植物安全。

6. 代森锌

代森锌是叶面用保护性杀菌剂，主要用于防治麦类、蔬菜、葡萄、果树和烟草等作物的多种真菌性病害。

【注意事项】 不能与碱性农药混用；受潮、热易分解，应存置于阴凉干燥处，容器严加密封。

7. 多菌灵

多菌灵是一种高效、低毒、广谱的内吸性杀菌剂，有治疗和保护作用，具有明显的向顶输导性能，可用于叶部喷雾、拌种和浇土处理。该药剂对鱼类和蜜蜂低毒。

【注意事项】 多菌灵可与一般杀菌剂混用，但与杀虫剂、杀螨剂混用时，要随混随用；不能与强碱性药剂或含铜药剂混用；不能单一长期使用，应与其他药剂轮用。

8. 噻菌灵

噻菌灵是高效、广谱、内吸性杀菌剂，兼有保护和治疗作用，能向顶传导，但不能向基传导，持效期长，属低毒杀菌剂，对皮肤无刺激作用，对动物无致畸、致癌和致突变作用。

【注意事项】 噻菌灵主要用于蔬菜、水果类的防腐。该药剂对鱼有毒，注意不要污染池塘和水源。

9. 异菌脲

异菌脲是广谱、保护性、触杀型杀菌剂，也具有一定的治疗作

用，主要用于苹果轮斑病、褐斑病及落叶病的防治。

【注意事项】 异菌脲不能与强酸性或强碱性的药剂混用，不能与腐霉利、农利灵等作用方式相同的杀菌剂混用或轮用。

10. 腐霉利（二甲菌核利）

腐霉利是低毒杀菌剂，有内吸性，可以被叶、根吸收，耐雨水冲洗，持效期长，能阻止病斑发展，可用于防治灰霉病、菌核病等。

【注意事项】 该药剂容易产生抗药性，不可连续使用；不要与强碱性药物如波尔多液、石硫合剂混用，也不要与有机磷农药混配。

11. 嘧霉胺

嘧霉胺具有内吸、传导和熏蒸作用，施药后迅速到达植株的花、幼果等喷雾无法到达的部位杀死病原菌，药效快，稳定，具有较好的保护和治疗效果，主要用于防治植物灰霉病。

【注意事项】 在不通风的温室或大棚中，如果用药剂量过高，可能导致部分植物叶片出现褐色斑点，因此请注意按照标签的推荐浓度使用，并建议施药后通风。

12. 甲基硫菌灵（甲基托布津、甲托）

甲基硫菌灵是一种广谱性、内吸性杀菌剂，具有预防和治疗作用，对蔬菜、禾谷类作物和果树上的褐斑病、炭疽病、灰霉病等有较好的防治作用。

13. 嘧菌酯（阿西米达）

嘧菌酯是甲氧基丙烯酸酯类杀菌农药，高效、广谱，对几乎所有的真菌性病害（如叶斑病、霜霉病、灰霉病等）均有良好的防治效果，可用于茎叶喷雾、种子处理，也可进行土壤处理，主要用于谷物、果树、蔬菜等。

三、植物生长调节剂

1. 赤霉酸（赤霉素）

赤霉酸是植物体内普遍存在的内源激素，是广谱性植物生长调节剂；具有打破休眠，促进种子发芽、果实提早成熟，增加产量，调节开花，减少花、果脱落，延缓衰老和保鲜等多种功效。

【注意事项】 赤霉酸粉剂不溶于水，使用时先用少量酒精或白酒溶解，再加水稀释到所需浓度，水溶液容易失效，要现用现配；赤霉酸水剂在使用中一般不需要酒精溶解，直接稀释便可使用，稀释倍数为1200~1500倍。

2. 乙烯利

乙烯利是植物生长调节剂，具有植物激素增进乳液分泌，加速成熟、脱落、衰老及促进开花的生理效应。在一定条件下，乙烯利不仅自身能释放出乙烯，而且还能诱导植株产生乙烯。

【注意事项】 乙烯利在使用时要严格控制使用浓度，因为高浓度乙烯不仅没有促进生长作用，反而会抑制生长。

3. 芸苔素内酯（天丰素）

芸苔素内酯是一种新型绿色环保植物生长调节剂，通过适宜浓度的芸苔素内酯浸种和茎叶喷施处理，可以促进蔬菜、瓜类、水果等作物生长，改善品质，提高产量，使作物色泽艳丽，叶片更厚实，也可令瓜果含糖分更高，个体更大，产量更高，更耐贮藏。

【注意事项】 不能和碱性农药混合使用，雨天勿用、高温勿用，要严格控制使用浓度。

参考文献

[1] 高小宁，赵志博，黄其玲，等. 猕猴桃细菌性溃疡病研究进展［J］. 果树学报，2012，29（2）：262-268.

[2] 柴振林，杨柳，朱杰丽，等. 氯吡脲在猕猴桃中的残留动态研究［J］. 果树学报，2013，30（6）：1011-1015.

[3] 刘占德. 猕猴桃规范化栽培技术［M］. 杨凌：西北农林科技大学出版社，2013.

[4] 黄春辉，曲雪艳，刘科鹏，等.‘金魁’猕猴桃园土壤理化性状、叶片营养与果实品质状况分析［J］. 果树学报，2014，31（6）：1091-1099.

[5] 陈建业，李占红，宁玉霞. 猕猴桃花粉悬浊液省力化制备及其生物效应［J］. 果树学报，2014，31（6）：1105-1109.

[6] 陈锦永，方金豹，齐秀娟，等. 猕猴桃砧木研究进展［J］. 果树学报，2015，32（5）：959-968.

[7] 郭景福，郭艳红，范东晟. 葡萄　樱桃　猕猴桃　核桃主要病害图说［M］. 杨凌：西北农林科技大学出版社，2015.

[8] 钟彩虹，韩飞，李大卫，等. 红心猕猴桃新品种‘东红’的选育［J］. 果树学报，2016，33（12）：1596-1599.

[9] 郁俊谊，刘占德. 猕猴桃高效栽培［M］. 北京：机械工业出版社，2016.

[10] 韩飞，李大卫，张琼，等. 早花猕猴桃雄性新品种‘磨山雄 2 号’的选育［J］. 果树学报，2018，35（4）：512-515.

[11] 李广文，贺瑶，李红娟，等. 陕西宝鸡产区猕猴桃冻害发生规律调查［J］. 西北园艺（果树），2018（4）：48-51.

[12] 方金豹，钟彩虹. 新中国果树科学研究 70 年——猕猴桃［J］. 果树学报，2019，36（10）：1352-1359.

[13] 齐秀娟，郭丹丹，王然，等. 我国猕猴桃产业发展现状及对策建议［J］. 果树学报，2020，37（5）：754-763.

[14] 秦秦，宋科，孙丽娟，等. 猕猴桃园行间生草对土壤养分的影响及有效性评价［J］. 果树学报，2020，37（1）：68-76.

[15] 林苗苗，孙世航，齐秀娟，等. 猕猴桃抗寒性研究进展［J］. 果树学报，2020，37（7）：1073-1079.

[16] 冯斌，李广文，冯立团. 2 种栽培方式对猕猴桃烂根病的影响［J］. 中国果树，2004（3）：26-27.

[17] 孟莉. 有机全营养配方施肥对猕猴桃品质和溃疡病发病率的影响 [D/OL]. 杨凌：西北农林科技大学，2013 [2023-07-18]. https://kns.cnki.net/kcms2/article/abstract?v=3uoqIhG8C475KOm_zrgu4lQARvep2SAk8URRK9V8kZLG_vkiPpTeIUlqG4iT2eGs3l98ILEgb_g0CICoy_6Qq928WJ8akFil&uniplatform=NZKPT.

[18] 姜晶晶. 过量施肥对土壤微生物群落结构的影响 [D/OL]. 沈阳：沈阳农业大学，2017 [2023-07-18]. https://kns.cnki.net/kcms2/article/abstract?v=3uoqIhG8C475KOm_zrgu4lQARvep2SAk-6BvX81hrs37AaEFpExs0L9vLURNma1IjJIXtZywBiV59a0UmyFjo0ZKNU9FY9W2&uniplatform=NZKPT.

[19] 王建. 猕猴桃树体生长发育，养分吸收利用与累积规律 [D/OL]. 杨凌：西北农林科技大学，2008 [2023-07-18]. https://kns.cnki.net/kcms2/article/abstract?v=3uoqIhG8C475KOm_zrgu4lQARvep2SAk6at-NE8M3PgrTsq96O6n6S71jymE29mNy0wUt64iaek5qiMOQHfTZFFzEwsHo_jb&uniplatform=NZKPT.

[20] 贺浩浩. 猕猴桃园水肥一体化应用效果研究 [D/OL]. 杨凌：西北农林科技大学，2015 [2023-07-18]. https://kns.cnki.net/kcms2/article/abstract?v=3uoqIhG8C475KOm_zrgu4lQARvep2SAk6nr4r5tSd-_pTaPGgq4znKwd1tuD2CIr2bGSfpELoAcuinPlpAlKKKBB3j6SzzjN&uniplatform=NZKPT.

[21] 付青霞. 生物复混肥对猕猴桃果实品质及果园土壤微生态的影响 [D/OL]. 杨凌：西北农林科技大学，2014 [2023-07-18]. https://kns.cnki.net/kcms2/article/abstract?v=3uoqIhG8C475KOm_zrgu4lQARvep2SAkbl4wwVeJ9RmnJRGnwiiNVqjI0NSs43q5vrla1332IUTzBLiwSyhV_B0I65rvT4Cm&uniplatform=NZKPT.

[22] 杜继存，韩进. 绿色猕猴桃科学施肥技术 [J]. 现代农业科技，2018 (24)：98-99.

[23] 翟秋喜，魏丽红. 猕猴桃缺素症诊断与防治 [J]. 辽宁农业职业技术学院学报，2015，17 (4)：4-7.

[24] 封涌涛，刘瑞. 猕猴桃园施肥存在问题及解决对策 [J]. 陕西农业科学，2016，62 (2)：92-93，100.

[25] 肖琼，王齐齐，邬磊，等. 施肥对中国农田土壤微生物群落结构与酶活性影响的整合分析 [J]. 植物营养与肥料学报，2018，24 (6)：1598-1609.

[26] 王依，陈成，雷玉山，等. 果园生草对土壤环境及果实品质相关因素研究进展 [J]. 北方园艺，2017 (19)：174-179.

[27] 余聪慧，杨浩，王小吉，等. 猕猴桃施肥技术 [J]. 现代农业科技，2019

(21)：97-98.

[28] 李娜，樊丰阳，张雪杰，等. 猕猴桃树六种主要缺素症及预防方法［J］. 河北果树，2020（3）：48，50.

[29] 王静，江地. 浅述常见肥料种类和特点［J］. 新农业，2019（14）：31.

[30] 宛彩云. 肥料的种类特点及合理施肥［J］. 北方水稻，2009，39（3）：69-71.

[31] 齐秀娟，等. 猕猴桃高效栽培与病虫害识别图谱［M］. 北京：中国农业科学技术出版社，2015.

[32] 龚国淑，李庆，张敏，等. 猕猴桃病虫害原色图谱与防治技术［M］. 北京：科学出版社，2020.

[33] 周增强，王丽，侯珲，等. 猕猴桃溃疡病等三种主要病虫害化学防控技术［J］. 果农之友，2018（2）：28-29.

[34] 刘研，刘翡，张东栋. 猕猴桃病虫害综合防控［J］. 西北园艺（综合），2019（1）：46.

[35] 许福平，金平涛，韩养贤，等. 猕猴桃全生育期病虫害绿色防控［J］. 西北园艺（果树），2014（6）：31-33.

[36] 李黎，钟彩虹，李大卫，等. 猕猴桃细菌性溃疡病的研究进展［J］. 华中农业大学学报，2013，32（5）：124-133.

[37] 金平涛，韩养贤，冯华，等. 周至县猕猴桃病虫害绿色防控工作进展及建议［J］. 中国植保导刊，2014，34（10）：82-85.

[38] 宋海岩，涂美艳，刘春阳，等. 夏季修剪对‘翠玉’猕猴桃植株生长及果实品质的影响［J］. 西南农业学报，2020，33（7）：1561-1565.

[39] 马省生，张存良. 一种猕猴桃改良树形修剪法［J］. 西北园艺（果树），2020（1）：54-55.

[40] 孟军政，郭凯民，李乃存，等. 猕猴桃一杆两羽长放修剪法及其栽培管理［J］. 果树资源学报，2020，1（1）：40-42.

[41] 孙应康，朱彩华. 猕猴桃栽培架势选择及整形修剪技术［J］. 云南农业，2019（9）：64-66.

[42] 王涛，张计育，王刚，等. 猕猴桃单主干双主蔓整形修剪关键技术［J］. 落叶果树，2018，50（4）：61-62.

[43] 汪志威，肖钧，李秀亚，等. 猕猴桃修剪技术研究［J］. 安徽农业科学，2018，46（18）：52-53，56.

[44] 姚春潮，刘占德，熊晓军，等. 三种夏季修剪方法对‘海沃德’猕猴桃生

长及结果的影响［J］. 北方园艺，2017（13）：79-83.

［45］宋洁. 猕猴桃夏季修剪主要技术要点［J］. 山西果树，2016（4）：57.

［46］吴文明，朱一成，秦巧平，等. 不同采收成熟度对椪柑采后贮藏性及品质的影响［J］. 中国果菜，2017，37（8）：4-8.

［47］曹健康，姜微波，赵玉梅. 果蔬采后生理生化实验指导［M］. 北京：中国轻工业出版社，2007.

［48］杨丹. 采收成熟度对‘金艳’猕猴桃品质的影响［J］. 北方园艺，2018（2）：141-145.

［49］刘旭峰. 猕猴桃栽培新技术［M］. 杨凌：西北农林科技大学出版社，2005.